和訳と英訳の両面から学ぶ

テクニカルライティング

◆著 中山 裕木子 *Yukiko Nakayama*
中村 泰洋 *Yasuhiro Nakamura*

講談社

目次

Prologue　日本語と英語の両面から理解する……1
著者紹介……6
本書で使用する文法用語の説明……7

第1章　主語の選択……11

1.1節　日本語　「は」と「が」の使い方，主語と主題の違いを理解する……12
第1項　「は」の役割……12
第2項　「が」の役割……18

1.2節　英語　適切な主語を選択する方法……23
第1項　主語の決め方……23
第2項　冠詞と数……28

第2章　動詞の選択……41

2.1節　日本語　力のある動詞を選ぶ……42
第1項　使用を避けるべき淡白な動詞……42
第2項　好ましい動詞を選ぶ方法……44

2.2節　英語　動詞で文型を決める……50
第1項　効果的な動詞……50
第2項　動詞の種類と文型……56

第3章　無生物主語……65

3.1節　日本語　無生物主語を自然な日本語に変換する……66
第1項　「論理」を表す副詞句への変換……66
第2項　「場所」「例示」を表す副詞句への変換……72

3.2節　英語　無生物主語で簡潔に表現する......77
第1項　動作・現象の主語......77
第2項　場所・属性や所属・例示を表す動詞......82

第4章　品詞の活用方法......87
4.1節　日本語　品詞を変えて英語を自然な和文に移し替える......88
第1項　動詞・補語から主語への変換......88
第2項　分詞と形容詞......91
第3項　副詞と名詞の変換......97

4.2節　英語　動詞を見つける, 形容詞と副詞を活用する......104
第1項　名詞から見つける英語の動詞......104
第2項　形容詞の活用......106
第3項　副詞の活用......115

第5章　適切な文体の判断......121
5.1節　日本語　読者や目的に応じて文体を使い分ける......122
第1項　説明的文体と概念的文体......122
第2項　パラレリズムへの応用......130

5.2節　英語　名詞節と名詞句を効果的に使う......134
第1項　名詞節と名詞句......134
第2項　パラレリズムの実践......137

第6章　誤解を生まない語順......147
6.1節　日本語　複数の解釈を生まないように句や節を配置する......148
第1項　句と節の配置順序......149
第2項　読点に関する注意点......156

6.2節 英語 誤解なく情報を足す文法項目を学ぶ……160
第1項 前置詞・分詞・関係代名詞・to不定詞……160
第2項 従属接続詞による複文構造の活用……169

第7章 情報の提示順序……177

7.1節 日本語 日本語の性質や時系列など, 英文法以外の基準を加味して語順を判断する……178
第1項 読みやすい情報配置……178

7.2節 英語 効果的に情報を配置する方法……190
第1項 効果的な情報配置……190
第2項 メイン情報を1つにする方法……195
第3項 包括語から具体例へ……200

第8章 文どうしの結束性……209

8.1節 日本語 結束性を高めて読みやすくする……210
第1項 日本語における結束性の強弱……210
第2項 結束性の高め方……211

8.2節 英語 結束を強めて情報を素早く届ける……221
第1項 複数文の統合……221
第2項 既出情報による結束の強化……225

Coffee Break

サッカーから学んだ基本単語の意外な意味……48
豪放なロックグループが見せた繊細なレトリック……132
ニュースで耳にする動詞を活かした名詞節―The beauty of English……143
日本語と英語の違いを認めて受け入れる……205
海外企業の残念な日本人対策……220
和訳と英訳のアプローチの違い……230

More Teachings

日本語 「キャレットシー」は魔法のキー 21
英語 手軽で便利なオンライン英英辞書3点 37
英語 表現の使用状況をインターネットで確認する 62
日本語 nominalize(名詞化)はメリットのみにあらず 74
英語 無生物主語のSVC 85
日本語 形容詞potentialの恐るべきポテンシャル 102
英語 動名詞と分詞は動詞の名詞形と形容詞形 119
日本語 「より」よりもより良い(!?)表現 159
英語 視覚的に似た英単語 174
日本語 和文ライティングのおすすめウェブツール 188

巻末付録 日本語と英語のチェックリスト 233
Epilogue 本書の誕生まで 242
索引 244

Prologue

日本語と英語の両面から理解する

本書の対象読者とねらい

本書は，日本語を母国語とする人が，日本語と英語の両方を正しく効果的に書けるようになるための本です。英→日，日→英の翻訳者，英語に翻訳されることを想定した和文の執筆者，英語で直接文章を書き起こすライターを対象としています。英日と日英の両方向の翻訳技法を学ぶことで，日本語と英語の両言語を行き来でき，日本語でも英語でも，正しく，明確，簡潔に文章を作成できるようになることを目指します。

2種類の言語理解

言葉を扱うとき，私たちには，感覚的に理解している部分と，論理的に理解している部分があります。まずは日本語で試してみましょう。

［は/が］のいずれかを選んでください。

今月，新しいOS［**は/が**］リリースされます。新OS［**は/が**］，使いやすいインターフェイス［**は/が**］特徴です。

答え：今月，新しいOS**が**リリースされます。新OS**は**，使いやすいインターフェイス**が**特徴です。

日本語を母国語としている方であれば，感覚的に「が」と「は」を選べたことでしょう。その一方で，「は」にどのような意味があるのか，どのような場合に「は」ではなく「が」を使うのかを説明できる人は多くないでしょう。感覚的な理解だけに頼っていると，複雑な内容を表現したい場合や，自分の考えを直接書くのではなく，誰かの考えを代弁して書く場合，そして他人が書いた英語を日本語に翻訳する場合に正しく書けないことがあります。普段何気なく使っている「は」と「が」であっても，それぞれのはたらきを理解して使うことが大切なのです（p.12, 18参照）。

次に，英語で試してみましょう。日本語の「は」と「が」に相応する英語の冠詞を[the/a]から選択してください。

[The/A] new operating system（OS）will be released this month. **[The/A]** new OS features **[the/an]** easy-to-use interface.

答え：**A** new operating system（OS）will be released this month. **The** new OS features **an** easy-to-use interface.

日本語と同様に自信をもって即座に選択できたでしょうか。日本語のときよりも迷ったという方は，日本語ほど英語を感覚的に理解できていないことになります。英語を非ネイティブ言語として正しく使いこなすためには，英語を感覚的に理解する力を養いながらも，理由と根拠を考えながら語彙や表現を選択することが重要です。

本書のねらいは，日→英と英→日という両言語を行き来する技術翻訳を通じて，日本語と英語の両方について理解を深めることです。日本語を感覚的には理解できても根拠をもって語彙や表現を選べない方に，判断の根拠となる知識を提供すること，英語は感覚的にも論理的にも難しいと感じている方に，感覚的な英語理解力を養いつつ，論理的にも理解してもらうことを目指しています。両言語の違いを知り，両方の特徴について理解を深めることで，両言語を正しく効果的に使いこなせる力を高めます。

「英語を論理的に理解する」とは，次のようなことです。

A new operating system（OS）will be released.

operating system：まだ読み手が知らないoperating systemの話をしており，theを使うと読み手が話題についていけないので，theは不適と判断します。次の判断は，systemを数えるかどうかです。systemは輪郭をもつ個体であることから，数えると判断してAを使います。

この判断は一例に過ぎず，他の状況として，自分たちのsystemと強調したい場合には，

Our new operating system（OS）will be released.

と表現できますし，すでに話題になっているOSであれば，**The** new operating system（OS）も可能です。

The new OS features **an** easy-to-use interface.

new OS：先に話題にしたOSのため，Theを使います。

easy-to-use interface：interfaceがeasy-to-use（使いやすい）という修飾を伴って描写されています。つまり，他のinterfaceと異なるうえに，今回はじめて話題にするinterfaceであることから，theが使えません。加えて，interfaceは個体で輪郭があるため可算扱いとなり，anが必要です。

英文は，このような判断を経てでき上がります。英語を感覚的に使うのではなく，理由と根拠を常に考えながら文を組み立て，細部を決定するのです。

日本語についても同様で，感覚だけに頼るのではなく，根拠と理由をもって選択することには，利点があります。まずは正しく「書ける」という利点です。生活の中で日本語を話すときに，使い方に迷うことは多くないかもしれません。しかし，書き言葉は話し言葉よりも長く，複雑な内容を説明します。その際に，先ほど紹介した「は」と「が」の選択に迷ったり，意図せず不自然な響きを生み出してしまったりすることがあります。ほかにも，日本語の読点「，」の使い方や修飾語句の配置順序など，日本語のルールが学校の授業で効果的に教えられていないことによる不明瞭な記述や不自然な文も少なくありません。

理由と根拠をもって日本語を扱うことのもう1つの利点は，日本語で考えた内容を英語で表現するときに，日本語の特徴を捉えていれば英語で表現しやすくなるということです。日本語には，主語がない場合や，主語が「主題」という形で文頭に隠れている場合があります（p.15参照）。そのような特徴を知っていれば，例えば次のような日本語が頭に浮かんだとき，スムーズに英語で表現できるようになります。

新OSのバグ修正が遅延したために，ユーザーの間で不安が高まっている。

英文を組み立てる際に主語を探す必要があるということ，さらには，「～したために」という「原因」を表す日本語の表現を英文の主語にできるということ

（p.78参照）を知っていれば，スムーズに英語に変換できます。

英訳結果

The delay in fixing bugs in the new OS has been increasing concerns among users.

なお，「遅延」は「すでに起こったこと」なので，冠詞はAではなく，「存在を表す」Theを使います（p.29参照）。

日本語の特徴を知らずに訳すと，次のように直訳調になってしまうかもしれません。

× Because of the delay in fixing bugs in the new OS, concerns are increasing among users.

英→日も同様で，英語の特徴を知らずに上の英文The delay in fixing bugs…を日本語に変換すると，次のように不自然な表現になりかねません。

× 新OSにおけるバグ修正の遅延が，ユーザー間で不安を増加している。

本書は，技術文書の和訳を長年手がけてきた著者（中村泰洋）と，英訳を長年手がけてきた著者（中山裕木子）が，それぞれの実務を経て身につけた和訳の技法，英訳の技法を基に，日本語と英語の特徴を学んでいただけるように組み立ててあります。

本書は次の章で構成されています。

第1章　主語の選択
第2章　動詞の選択
第3章　無生物主語
第4章　品詞の活用方法
第5章　適切な文体の判断
第6章　誤解を生まない語順
第7章　情報の提示順序
第8章　文どうしの結束性

第1章から第3章では，簡潔で力強い文を組み立てる方法，第4章から第6章では，誤解を生まない文を作る方法，そして第7章と第8章では，自然で読みやすい文を作る方法を学びます。各章では，前半に 日本語 （英語から日本語に訳す），後半に 英語 （日本語から英語に訳す）の順で学習し，和訳と英訳の両面からの理解を促します。項目によっては和訳と英訳が厳密に対応していない場合もありますが，可能な限り対応づけました。

本書全体を通して，各章の 日本語 を中村， 英語 を中山が担当しました。各節の末尾に配置したコラムMore Teachings （正しく書くためのコツ）とCoffee Break （こぼれ話）には，英日，日英それぞれまたは両方の視点から，読者の方々の役に立つ情報や息抜きとなる小話を載せました。

本書の著者は両者とも実務翻訳者ですが，英日・日英のライティング実務と並行して，ライティング技法の伝達にも勤しんできたという共通点があります。Teaching is learning.（教えることは学ぶこと）という諺を体言するかのように，それぞれが講師業を通じて，感覚ではない理詰めによるライティング手法を追求してきました。2人のノウハウが詰まった本書により，読者の皆様が両言語で自信をもって表現できるようになることを願っています。

2023年2月　中村　泰洋
中山　裕木子

著者紹介

日本語 担当

中村　泰洋　リンゴプロ翻訳サービス

JTF（日本翻訳連盟）ほんやく検定1級（特許・情報処理）保有

翻訳者・技術翻訳講師

特許明細書などの技術文書をはじめ，製品パンフレットやプレスリリースなどのビジネス文書，スポーツ記事やエッセイ・書籍など，硬軟問わずさまざまな文書の英日翻訳を手がけてきました。その一方で，民間教育機関とオープンカレッジの翻訳講座を長年担当し，授業や教材作成，訳文添削を通じて，自身が身につけた翻訳技法の体系化と形式知化を進めてきました。

担当講座は英日翻訳が8割という内容構成でしたが，長く受講された方から，「会社で書くレポートや資料，メールの文面に学習内容が反映され，自分の日本語の文章も変わった」という声を幾度となく聞きました。最初はほぼ全員が，英語学習の一環として受講するのですが，英語を日本語に訳すトレーニングを続けているうちに，日本語での文章作成や修辞・表現技法に対する意識が自然に高まり，日本語の性質や特徴が，「英語との違い」という形で脳に深く刻まれるのでしょう。

受講生が体感したこのポジティブな変化を本書の読者にも感じてもらうために，翻訳者として培った知識と技術を，豊富な実例を用いてできるだけ具体的に紹介しました。

英語 担当

中山　裕木子　株式会社ユー・イングリッシュ 代表取締役

一般社団法人日本能率協会JSTC技術英語委員会 専任講師

英検1級，旧工業英検1級（首位合格にて文部科学大臣賞受賞）保有 技術翻訳者

著書に『技術系英文ライティング教本』（日本能率協会マネジメントセンター），『外国出願のための特許翻訳英文作成教本』（丸善出版），『英語論文ライティング教本』（講談社），『会話もメールも英語は3語で伝わります』（ダイヤモンド社），『シンプルな英語』（講談社），『英語の技術文書』（研究社）ほか。

特許と論文をはじめとする技術文書の日英翻訳にたずさわってきました。その過程で，難解な技術文書を正確，明確，簡潔に英語で表現する工夫を続け，伝わる英語を書く技法を体得しました。その一方で，大学や企業で理系の学生・エンジニア向けに種々の英語技術文書作成の指導に尽力してきました。

講義の現場では，論理的思考に長けたエンジニアの方々から，英語に関する数多くの質問を受けました。それらの問いに対して，可能な限り論理的な説明を試み，各種表現の根底にある考え方も伝えることを心がけた結果，受講生が，身につけた技法を自ら応用して発展させていく自立した学習者へと変貌する姿を目の当たりにしました。そして筆者自身も，受講者が提起した疑問点を日々の翻訳業務の中で熟考することで，ライティングの技法を発展させることができました。

本書では，このような経験をもとに培った正確，明確，簡潔な英語の表現技法を，日本語と英語を対応づけた豊富な用例で解説します。

本書で使用する文法用語の説明

英語と日本語は言語構造が大きく異なるため，英→日と日→英の変換には，両言語間の溝を埋める最低限の文法知識が不可欠です。そこで，本書で使用する日本語と英語の文法用語をここに定義します。

日本語

■**品詞**

助詞：名詞に付される「て」「に」「を」「は」など
主語：助詞「が」または「は」のついた名詞
述語：文末の動詞や形容詞

例：[水素燃料エンジン] [は]，水素と空気から水蒸気を [作り出す]。
　　主語　助詞　述語

自動詞：自然に行われる動作を表す動詞
他動詞：人や物によって行われる動作を表す動詞

例：酒を [加熱する] と，アルコール分が先に [蒸発する]。
　　他動詞　自動詞

形容詞：状態や性質を表す語
副詞：動作や状態の程度や頻度，多寡を表す語

例：エタノールは水よりも沸点が [大幅に] [低い]。
　　副詞　形容詞

■**主題**：格助詞「は」がついた，文の主題となる主語または副詞句。主語と同じ場合もあれば，異なる場合もある。

例：[無水エタノール] は，水にも油にも溶けやすい性質をもつ。(主題=主語)
　　主題

例：[無水エタノールに] は，水にも油にも溶けやすい [性質] がある。(主題≠主語)　主題　　主語

■**句**：単語が集まってできた表現単位
■**節**：主語と動詞を含む表現単位

例：【エタノールは [水よりも沸点が大幅に低い] 液体なので】，
【副詞節】　[形容詞節]
酒を加熱すると，アルコール分が [先に蒸発する]。
動詞句

■**句点**：文末の「。」
■**読点**：文中の「，」

本書の例文は，ほぼすべてが英日の対訳文ですが，翻訳には明確な正解がないことが多いため，妥当と考えられる表現が複数存在する場合には，//○○/●●//という形で明示しています。

例：インテルなどのメーカーは，クロック速度を高め，ダイサイズを微細化することによってCPU性能を//高め/引き上げ//てきた。

英語
■**品詞**
名詞：ものや現象を表す語。可算（数えられる）と不可算（数えられない）のいずれかまたは両方の用法がある。
動詞：動作や状態を表す語。自動詞（ひとりでに起こる動作を表す）と他動詞（何かに働きかける動作を表す）の用法がある。
形容詞：名詞の状態や性質を表す語。名詞の前に置いて「～である～」と表す，または「～は～である」という文の「～である」に使う。
副詞：動作や状態の程度や頻度を表す語。名詞以外を修飾する。
前置詞：名詞と他の語との関係を表す語。in/at/onなど。

例：[All metals] [conduct] [electricity].
名詞（可算）他動詞 名詞（不可算）

例：All metals [are] [conductive].
自動詞（be動詞）　形容詞

（すべての金属が電気を通す。）

例：Metals [typically] [melt] [at] [high temperatures].
名詞（可算）　副詞　自動詞　前置詞　名詞（可算）

（金属は一般に高温で溶融する。）

名詞によっては，可算にも不可算にもなり得る。次の例では名詞metal（金属）が不可算。

例：Many car components are made of [metal].
名詞（不可算）

（自動車の部品は金属製のものが多い。）

接続詞：文どうしや単語どうしを接続する語。2つの要素を等価で並列する等位接続詞（and, but, orなど）と，メインの文とサブの文という形で接続して複文を作る従属接続詞（although, when, whereasなど）がある。

例：All metals conduct electricity, [but] some metals, such as aluminum and titanium, are relatively poor conductors. 《等位接続詞but》

例：[Although] all metals conduct electricity, some metals, such as aluminum and titanium, are relatively poor conductors. 《従属接続詞although》

（すべての金属が電気を通すが，アルミニウムやチタンのように伝導率が低いものもある。）

冠詞：名詞と結びついて，その名詞に意味を加える語。名詞が「そこにある」ことを伝えるthe，輪郭のある形状を表すa/an（複数形の場合の無冠詞）がある。

例：[The cars] are manufactured in India and are exported.

（これらの車はインドで製造されて輸出される。）

話題にしているthe cars（実際に存在，頭の中や写真に存在）。

例：[A car] is parked in front of the building.
　（建物の前に1台の車が停まっている。）
不特定の形ある名詞1つ。

例：[Cars] are manufactured on assembly lines.
　（車は組立ラインで製造される。）
話題にしているcarsは一般的なもの。

冠詞a/anは不特定の名詞であることを表し，不可算名詞と可算名詞の複数形には無冠詞が対応する。

名詞節：主語と動詞を含み，全体で名詞の役割を果たす語群。
名詞句：名詞の役割を果たす複数の語群。

例：AI has changed [how people communicate in business situations.]《名詞節》
例：AI has changed [business communication].《名詞句》
　（AIによってビジネスシーンにおけるコミュニケーションのあり方が変わった。）

■**無生物主語**：人以外の名詞，特に動作や概念を主語にすること。

例：[Designing valuable mobile apps] requires in-depth analysis of potential users.
　（役立つアプリの設計には，対象となり得るユーザーについての詳細な分析が必要である。）

第 *1* 章

主語の選択

日本語における主語は，重要性が相対的に低く，省略されることも多々あります。その一方で，主語とよく似た「主題」という概念があり，「は」という助詞を使って表されます。しかし，「は」は主語を明示するときにも使いますし，「が」を使って主語を表すこともあります。私たちは普段，これらの概念と助詞を，あまり意識せずに使い分けています。

対する英語は，主語が必須です。人だけでなく，物や動作，概念を主語にすることも少なくありません。元になる日本語に主語がない場合には，主語を探し出すことが英文作成における最初の作業で，主語となる名詞が決まったら，数えるのか数えないのか，単数か複数かを決定する必要があります。

本章では，日本語の主語や主題の導入に使う助詞「は」と「が」の使い方を英語と対応づけて説明します。そのうえで，日本語の主語と主題の違い，さらには英語の主語の決め方，主語をはじめとした英語の名詞の冠詞と数の扱い方についても説明します。

1.1節　「は」と「が」の使い方，主語と主題の違いを理解する　日本語

生まれも育ちも日本という人であれば，話すときに「は」と「が」の使い方を誤ることはあまりなく，無意識に区別して使っています。ところが書き言葉になると，「が」を用いるべき箇所で「は」が使われ，「が」が減る傾向が見られます。その原因としては，話し言葉よりも書き言葉のほうが一般に長いこと，英語から日本語に訳すときには，原文の当事者でないために，自分で話すときに比べて状況や文脈を把握しにくいこと，そして，これらの助詞の用法を把握しておらず，感覚のみに頼っていることがあげられます。

「は」と「が」が正しく使い分けられていない文章は読みにくく，ぎこちないうえに，思わぬ含みを文に与えてしまうおそれがあります。この章では，この2つの格助詞について，日本語を書くときにおさえておきたい用法を紹介します。

この2つの助詞の用法について解説した良書は多数ありますが，本書では，大野晋著『日本語練習帳』による分類に基づきます。しかし，国語学者である同氏の分類には学術的・分析的な記述も多いことから，本章では，翻訳者の視点からその分類を少しだけ単純化したうえで自身の知見を組み合わせ，英文から適切な助詞を導く方法と，英訳されることも想定した助詞の選び方を明らかにしていきます。

第1項　「は」の役割

「は」の用法は，学術的には細かく分類されていますが，和文執筆の観点からは，次の3つの役割を理解しておけば，実用上ほとんど問題ありません。

・主題を提示する
・逆接を示唆する
・比較を暗示する

それぞれの役割について，英文と対比させながら詳しく見ていきます。

1.1　主題を提示する

主題というのは，書き手が伝えたい内容をコンパクトにいい表した情報のことです。これから伝える話のテーマといいかえても良いでしょう。「は」という助詞には，この主題を提示する働きがあります。

Aluminum alloys are used in different industrial fields for less weight and better efficiency.
○ アルミニウム合金**は**（主題），軽量化と効率化のためにさまざまな産業分野で**使用されています**（答え）。

この文では「アルミニウム合金」が主題化されており，「**は**」という助詞は，筆者がこれから「アルミニウム合金」について詳しく話していくということを伝える合図になっています。これが主題提示の「は」です。

提示された主題に対する筆者の考えや答えを提示する役割を果たしているのが，述語です。この文では，「アルミニウム合金」という主題に対し，「（さまざまな産業分野で）使用されている」という実態が「答え」として提示されています。

主題提示の「は」は，上の例文のように文頭の文節で使われるのが一般的です。

△ 軽量化と効率化のためにさまざまな産業分野でアルミニウム合金**は**使用されています。

という具合に文中に置くことも，文法的には可能ですが，主題を提示する力が弱く，読み手に負担を与えます。主題情報はやはり文頭に置いたほうが，この文を読む人に，「これからアルミニウム合金の話をするのだろう」という心構えを強くもたせることができ，ひいてはその先を理解してもらいやすくなります。主題の後に読点を入れるとさらに効果的で，次のような定義づけの文でその傾向が顕著です。

A transfer case is a specialized component that is used on four-wheel drive and all-wheel drive vehicles.
△ トランスファーケース**は，**四輪駆動車や全輪駆動車に使用される特殊な部品である。

「定義の公式」ともいうべきS is C that ...という構文を用いた英文です。定義を述べる文では，主題提示後に読点を打つことにより，定義の内容に対する読者の意識を高められますが，「～は」よりも，次に示すとおり，「**～と（いうもの）は**」という形で主題を提示したほうが，定義文であることが明確に伝わります。

述語を「~のことである」にするとさらによいでしょう。

○ トランスファーケース**とは**，四輪駆動車や全輪駆動車に使用される特殊な部品のことである。

上記2例では，「は」で主題として提示された情報（「アルミニウム合金」と「トランスファーケース」）が主語になっていますが，主題と主語が必ず一致するとは限りません。簡単な文を用いて説明します。

Elephants have a long nose.
○ ゾウ**は**鼻が長い。

この文では，「ゾウ」が主題で「鼻」が主語です。主題と主語を「ゾウ」で統一すると，次のような滑稽な文になります。

△ ゾウ**は**長い鼻を有する。

ただし，主題と主語を「鼻」で統一した場合には自然な文になります。文脈によっては使えるでしょう。

○ ゾウの鼻**は**長い。

この文のように，英文とは異なる主語を用いて和文に移し替えることを「主語の変換」といいますが，このトピックについては第3章で取り扱いますので，ここでは省略します。主題と主語は，同じであることもあれば違うこともあるということをまずは認識してください。今度はもう少し実用的な文を用いて確認します。

To reduce the risk of injury, work tasks should be designed to limit exposure to ergonomic risk factors.
△ ケガのリスクを下げるために，作業課題**は**，人間工学的リスク因子への関わりを制限するように設計すべきです。

こちらの和文では，主語と主題が一致している状態ですが，英文を見ると，本来であれば文末にあるべきto reduce the risk of injuryという副詞句があえて文頭に配置されており，強調の意図が感じられます。つまり，「ケガのリスクを下げるためにはどうすればよいか」ということがこの文のテーマなので，一般に，次のような形で主題を提示すると良いでしょう。

> ○ ケガのリスクを下げるためには**は**，人間工学的リスク因子への関わりを制限するように作業課題を設計すべきです。

「ケガのリスクを下げるために」という一節は副詞句です。副詞句は，主語にはなれませんが，主題になることはできます。「日本で**は**，…」，「一例として**は**，…」，「旋盤の表面に**は**，…」といった書き出しの文の「は」もすべて同様です。

なお，この文では，「担当者が」や「私たちが」といった主語が省略されており，主題と主語が異なることも併せて示しています。和文ではこのように，一人称の主語や文脈上重要でない主語が省略される傾向があります。英文には主語が必要なので，英訳されることを想定した文章で主語を省略することは好ましくないと考えがちですが，上の文のように，主題が明示されていれば，主語がなくても，それほど問題ありません。

1.2 逆接を示唆する

次に紹介する「は」の用法は，逆接を示唆することです。ただしこの用法は，主題提示の「は」が存在することが前提になっており，「は」が単独で逆接を意味することは，原則としてありません。

> Smartphones are a convenient tool that can do a variety of things.
> ○ スマートフォン**は**，いろいろなことができる便利なツールである。

1.1で紹介した例と同様，主題提示の「は」を使った典型的な文です。しかし，次の文はどうでしょう。

> ○ スマートフォンは，いろいろなことができる便利なツールで**は**ある。

2つ目の「は」が存在することで，「しかし，スマートフォンには負の側面もある」といったネガティブな内容を誰もが予想します。このように逆接的な内容を示唆するのが，「は」の2つ目の役割です。

逆接を示唆するわけですから，英日の翻訳者であれば，but，though，however，nevertheless，nonethelessなどが使われている英文を訳すときに有効ですし，論文や書籍を日本語で執筆される方であれば，この「は」を活用することにより，自身の主張を際立たせることができます。

Pricing your product lower than your competition may increase sales, but will certainly reduce profitability. △ 自社製品の価格を競合製品よりも値下げすれば，売上が増えるかもしれないが，利益率が確実に下がる。 ○ 自社製品の価格を競合製品よりも値下げすれば，売上は増えるかもしれないが，利益率**は**確実に下がる。

「は」を使ったほうが，読み手に優しい親切な訳文という印象を与えます。

1.3　比較を暗示する

この役割は，「1.2　逆接を示唆する」と似ています。

This parking lot is free of charge for the first two hours. △ 当駐車場は，最初の2時間，料金がかかりません。 ○ 当駐車場は，最初の2時間**は**料金がかかりません。

下の和文のほうが，「2時間を過ぎると有料」であると強く感じられるはずです。つまり，「最初の2時間」が「それ以降の時間」と暗に比較されている状態です。

逆接を示唆する「は」と同様，比較を暗示する「は」も，主題提示の「は」が存在することが前提になっています。いいかえれば，「～は」という文節が連続した場合，2つ目の「～は」文節は必然的に，逆接を示唆するか，比較を暗示するということになります。

この点を留意しておかないと，不用意に「は」を連続して使用し，思わぬ含みを与えてしまう可能性があります。次の文を，段落を締めくくる文だと思って読んでみてください。筆者が実際に目にした訳文です。

Accurately predicting the extent of long-term problems is thus difficult in the first weeks following traumatic brain injury. △ そのため，外傷性脳損傷を受けてから最初の数週間**は**，長期的障害の程度を予測すること**は**困難である。

「は」を無用に連続して使用してしまった例です。和文を読むと，「短期的障害の程度を予測することは簡単にできそう」という展開が予想されます。少なくとも，この文には続きがあると誰もが予想するでしょう。しかし，その予想とは裏腹に，この文で段落が終わってしまい，釈然としない思いだけが残ります。すっきりと段落を終わらせるためには，もう1つの代表的な助詞である「が」を使えばよいでしょう。「が」については次項で説明します。

○ そのため，外傷性脳損傷を受けてから最初の数週間**は**，長期的障害の程度を予測すること**が**困難である。

逆接を示唆する「は」と比較を暗示する「は」を効果的に使うには，書き手の主観的判断が求められます。加えて，この2つの用法の「は」は，使わなくても文が成立するということも考慮すると，客観性が強く求められる技術文書においては，主題を提示する「は」が最も大切であるといえます。主題が明確な文は，和文として読みやすいだけでなく，その文を英訳する際に主語や冠詞を判断しやすいという副次的効果もあります（p.18参照）ので，主題提示の「は」を正しく使うことを最優先とするのが良いでしょう。

【「は」の役割】のまとめ

- 「は」には主題を提示する働きがある。文頭の文節で使用するのがよい。
- 「は」で表された主題が主語を兼ねることもあれば，別の主語が立ったり，主語が省略されたりすることもある。
- 「は」は，名詞だけでなく，「〜には」や「〜としては」という形で副詞を主題化することもできる。
- 1文の中で「は」を二度使うと，二度目は「逆接」や「比較」を暗に示す。余計な含みを与えないために，多用は避ける。

第2項　「が」の役割

「が」の役割は，おおむね次の2つに集約されます。

・描写する

・名詞節を作る

2.1　描写する

「が」という助詞の代表的な役割は，現象や様子，実態，事実などを客観的に述べる「描写」です。

A rare atmospheric optical phenomenon called a “moon halo” was observed on the coast of Cornwall.

○ コーンウォール州の海岸で，「月暈（つきがさ）」と呼ばれる珍しい大気光学現象**が**観察された。

描写の「が」は，この例文に示すとおり，英文におけるaまたは無冠詞の名詞におおむね対応します。それに対し，既出であることを示すtheのついた名詞が主語になっている場合には，「は」が該当する傾向があります。次の例文を見てください。

Human beings have **a nature** of detecting familiar images in random places. **The phenomenon** is called pareidolia and is the cause for us seeing faces in everything from car headlights to electrical outlets.

○ 人間には，なじみのある表象を任意の場所で見出す**性質が**ある。**この現象は**パレイドリアと呼ばれ，車のヘッドライトから電源コンセントまで，あらゆるものに顔を見出す原因である。

復習になりますが，この例の「人間には」の「は」は，主題を提示する「は」です。この訳文に使われている「～は…が―する（である）」という構文は，日本語で書き起こされた文章中に頻出しますが，英語から翻訳された文章にはあまり見られません。その原因はおそらく，「…が」に相当する情報が，英文のいろんな箇所に隠れているからでしょう。「…が」に対応する情報の位置や要素を示す例文を2つあげておきます。

Tofu is rich in proteins, minerals, and calcium.
○ 豆腐は，タンパク質とミネラル，カルシウム**が**豊富である。

inの目的語に「…が」が対応します。rich in以外に，(be) different in，(be) identical in，(be) characterized inなども同様です。

A standard 32” flat-screen LCD TV weighs between 25–30 pounds on average.
○ 標準的な32インチ薄型液晶テレビは，平均重量**が**25～30ポンドである。

動詞であるweighに含まれる情報の一部に「…が」が対応します。

日本語はこのように，主題と主語が1文の中で共存しうるため，同じような内容でも，「は」と「が」の組み合わせにより，微妙にニュアンスが異なる複数の文を作成することができます。上の例文では「テレビ」が主題になっていますが，この文を，

標準的な32インチ薄型液晶テレビの平均重量**は**，25～30ポンドである。

に変えれば，主題が「重量」に移りますし，

標準的な32インチ薄型液晶テレビの平均重量**が**，25～30ポンドである。

に変えれば，重量を読者にイメージしてもらうための参考情報として，32インチ薄型テレビの重量を提示していることになります。また，

標準的な32インチ薄型液晶テレビは，平均重量**は**25～30ポンドである。

あるいは

標準的な32インチ薄型液晶テレビは，平均重量が25～30ポンドで**は**ある。

に変えれば，「しかし」や「それに対し」という接続詞を読者に連想させ，逆接

的または対比的な内容が続くことを示唆します。

英語だと，冠詞が，このようなニュアンスの違いを創出する役割の一部を担っているため，「は」と「が」を正しく使い分けることにより，その文章が英語に翻訳されるときに適切な冠詞が選ばれやすくなります。

2.2 名詞を作る

もう1つの「が」の役割は，後ろの名詞と結びついて大きな名詞句を形成するというものです。

They invented a system that allows drivers to locate empty car park spaces in cities.
○ 彼らは，［ドライバー**が**街中の空き駐車スペースを見つけられるシステム］を発明した。

「ドライバー**が**街中の空き駐車スペースを見つけられる」という一節は，「システム」を修飾する形容詞節です。「は」に置きかえられないことは感覚的にわかりますので，間違えることはないと思いますが，文節の長さなどによっては，「燃費**の**よい車」のように，「が」の代わりに「の」が使われることがあります。

このように関係詞を用いて名詞句が形成されている場合に加え，次に示すとおり，動名詞や不定詞が主語を伴う場合も，修辞形態によっては名詞形成の「が」が使われます。

Staying at least 2 meters away from other people can reduce the chances of **the virus** spreading.
○ 人から2メートル以上の距離を保つことにより，［ウイルス**が**広がる確率］を下げることができます。

Cognitive bias is caused by the tendency **for the human brain** to perceive information through a filter of personal experience and preferences.
○ 認知バイアスの原因は，［人間の脳**が**個人の経験や嗜好というフィルターを通して情報を認識する傾向］である。

【「が」の役割】のまとめ

- 助詞「が」には，様子や事実などを客観的に叙述する働きと，大きな名詞句を作る働きがある。
- 冠詞「a」で表された初出の名詞が主語であれば，「が」が対応することが多い。

More Teachings

「キャレットシー」は魔法のキー

翻訳に限らず，文書の作成にはマイクロソフト社のWORDを使っている方が多いと思います。WORDは便利ですが，文字列の一部だけを上付き・下付き文字に一括置換することができないため，例えば「H2SO4」を「H_2SO_4」に変換する作業に頭を抱えている方も多いでしょう。200ページのファイルで「H2SO4」を検索し，「2」を選択してShiht＋Ctrl＋マイナス（−）キーを押し，次に「4」を選択して…などという作業は，私なら始めることさえできません。

そんな私の悩みを救ってくれたのが，「キャレットシー」でした。「H_2SO_4」をCtrl＋C（またはX）でクリップボードに入れ，[置換と検索］画面を開き，[検索する文字列］に「H2SO4」と入力し，[検索語の文字列］に「^c」（キャレット記号と小文字の「c」）と入力したうえで［すべて置換］を実行すると，すべての「H2SO4」が「H_2SO_4」に変わります（次ページの図参照）。「^c」は，クリップボードの中身を，「書式も含めてそのまま」置きかえてくれる魔法のキーなのです。

検索と置換

検索　置換　ジャンプ

検索する文字列(N): H2SO4

置換後の文字列(I): ^c

<< オプション(L)　置換(R)　すべて置換(A)　次を検索(F)　キャンセル

検索オプション

検索方向(:) 文書全体

☐ 大文字と小文字を区別する(H)
☐ 完全に一致する単語だけを検索する(Y)
☐ ワイルドカードを使用する(U)
☐ あいまい検索 (英)(K)
☐ 英単語の異なる活用形も検索する(W)
☐ 接頭辞に一致する(X)
☐ 接尾辞に一致する(T)
☐ 半角と全角を区別する(M)
☐ 句読点を無視する(S)
☐ 空白文字を無視する(W)
☐ あいまい検索 (日)(J)
オプション(S)...

置換

書式(O)▾　特殊文字(E)▾　書式の削除(T)

図　下付き文字を含む文字列への全置換実行画面

このキーの存在を知ってからもう10年以上経ちますが，四半世紀を超えるWORD使用歴の中で最大の発見でした。技術翻訳をしている限り，下付き文字だけでなく，「cm^3」や「10^7」といった上付き文字も必ず出てくるからです。

上付き・下付き文字に限らず，「赤を青に」という文字列を「赤を青に」に変えたり，「下線を引く」を「下線を引く」に変えたりするなどの応用パターンもあります。

ご存知なかった方は，ぜひ試してみてください。

1.2節 適切な主語を選択する方法 英語

英文は主語をはじめに置くことがほとんどで，それを主体として，情報を続けます。つまり，主語によって英文の「視点」が定まるので，適切な主語を選択することが大切です。また，主語にする名詞を決めたら，詳細な情報を伝えるために，英語の特徴である「数」と「冠詞」を選択する必要があります。本節では，適切な主語の選び方と，名詞の「数」と「冠詞」について詳しく説明します。

第1項 主語の決め方

英文の原則は，大切な情報を主語としてはじめに配置することです。主語の候補となるのは，段落の最初の文だと，話題の中心となる主題や，伝える内容の中で最上位の概念または構造で，2文目以降は既出の情報です。読み手にも配慮して主語を決定します。

1.1 話題の中心を主語に

英文の主語を決めるときには，話題の中心となる名詞が何かを考えます。それをはじめに伝えることで，読み手は「何の話か」を速やかに知ることができ，後に続く内容を理解しやすくなります。

燃料電池電気自動車（FCEV）は，水素を燃料とする電気自動車である。
○ **Fuel cell electric vehicles（FCEVs）** are electric vehicles powered by hydrogen.

「燃料電池電気自動車（FCEV）」が話題の中心です。元の和文が，「～（と）は～（するもの）である」という文体で何かを定義している場合には主題が明らかなので，英文の主語を容易に決められます。

生分解性プラスチックは**微生物**によって分解され，水，二酸化炭素，バイオマスとなって土に返る。
○ **Biodegradable plastics** can be decomposed by microbes into water, carbon dioxide, and biomass and return to the soil.

○ **Microbes** decompose biodegradable plastics into water, carbon dioxide, and biomass that then return to the soil.

話題の中心が何かに応じて，「生分解性プラスチック（biodegradable plastics）」または「微生物（microbes）」を主語とします。前者は受動態となり語数が若干増えますが，文構造がわかりやすいため，問題はありません。

包装を簡素化することにより，製造工程で必要になる資源の量を減らせる。
× By using less packaging, the amount of resources needed for manufacturing can be reduced.
× The amount of resources needed for manufacturing can be reduced by using less packaging.

日本語に引きずられながら英文を書くと，動詞が出るのが遅れ，英文全体が長く読みづらくなります。また，「資源の量」を主語にして受動態にすると主語が長くなり，読み手に不親切です。

元の和文に主語が見つかりにくい場合にも，話題の中心を探します。「包装を簡素化すること」を主語にします。

○ **Less packaging** can reduce the amount of resources needed for manufacturing.

次に，主語が見つかりにくい典型的な日本語からの英訳です。

持続可能な水管理には，技術，社会，環境，制度，政治，財政の観点を考慮した統合的なアプローチが求められる。
× For sustainable water management, it is important to take an integrated approach involving technical, social, environmental, institutional, political, and financial perspectives.

日本語は，主体を隠して客観的に表現することが好まれます。「誰に」求められているのかが明示されていませんが，同様に客観的な英語の構文である仮主語構文は，全体が長くなるため避けます。

○ For sustainable water management, **we** need an integrated approach involving technical, social, environmental, institutional, political, and financial perspectives.

文全体が複雑にならないよう，あえて「人」を主語にした文です。前置詞句を文頭に置いて話題に着目させる場合には有効です（文頭に置く前置詞句について詳しくはp.164参照）。

最後に，「持続可能な水管理」を主語に決めます。動詞はrequire（～が必要である）に定まります（無生物が主語の文章について詳しくはp.77参照）。

○ **Sustainable water management** requires an integrated approach involving technical, social, environmental, institutional, political, and financial perspectives.

1.2 上位の概念・構造を主語に

日本語に引きずられて英訳すると，動詞が出るのが遅れることがあります。含まれる情報の中で最上位の概念や構造を主語に選びます。

電気自動車の総所有コストは，同等の内燃機関（ICE）車よりも少ない。
× The total cost of ownership of electric vehicles is lower than that of equivalent internal combustion engine (ICE) vehicles.

「総所有コスト」を英文の主語に使いたくなりますが，主語が長くなり，結果的に英文全体が長くなってしまいます。このような事態を防ぐためには，最上位の概念や構造を日本語から探して主語にします。この文では，「電気自動車の総所有コスト」よりも上位である「電気自動車」を主語にします。

○ **Electric vehicles** have a lower total cost of ownership than equivalent internal combustion engine (ICE) vehicles.

人工知能（AI）では，機械学習を用いて人間の知能を模倣する。
△ In artificial intelligence (AI), machine learning is used to mimic human intelligence.

日本語のとおりに「～では」をIn ___, とすると，受動態を使うことになって文が長くなるので不適です。「人工知能」，「機械学習」，「人間の知能」のうち，「機械学習」よりも上位の概念である「人工知能」を主語に選びます。

○ Artificial intelligence (AI) uses machine learning to mimic human intelligence.

三角フラスコの形状は，底面が広く，側面が上方に向かって細くなり，垂直に伸びる短い首部分につながっている。
× The shape of an Erlenmeyer flask is wide at its bottom and tapers upward at its sides to a short vertical neck.

構造物の説明も同様です。日本語の主語である「形状」を英文の主語にすると，全体が長くなってしまいます。「底面」，「側面」，「首部分」に対する上位構造（つまり全体構造）である「三角フラスコ」を主語に使います。

○ An Erlenmeyer flask has a wide base and sides that taper upward to a short vertical neck.

1.3 既出の情報を主語に

書き出しの文の主語は，伝えたい話題に応じて自由に決めることができますが，ひとたび話題を出したら，「既出の情報」を主語にするのが原則です。英語はこの点が日本語と大きく違います。

植物工場は，年間を通じて野菜を生産できる閉鎖型の栽培システムであり，光，温度，水分，二酸化炭素濃度を人工的に制御する。

× A plant factory is a closed growing system that enables constant production of vegetables all year around. **Light, temperature, moisture, and carbon dioxide concentrations** are artificially controlled in the system.

2文目で「光，温度，水分，二酸化炭素濃度」を主語にすると，「新しい情報」となるため読み手に負担がかかります。そこで，既出情報であるthe systemを主語にします。

○ A plant factory is a closed growing system that enables constant production of vegetables all year around. **The system** artificially controls light, temperature, moisture, and carbon dioxide concentrations.

副流煙は，一次喫煙の場合と同じ病気の原因となり得る。例えば心臓血管疾患，肺がん，呼吸器疾患などの要因となり得る。
× Secondhand smoke can cause the same diseases as direct smoking. For example, **cardiovascular diseases, lung cancer, and respiratory diseases** can be caused by secondhand smoke.

例示されている「心臓血管疾患」などの病名は読み手にとって新しい情報です。すでに出ている「二次喫煙」または「病気」を2文目の主語にします。

○ Secondhand smoke can cause the same diseases as direct smoking. For example, **secondhand smoke** can cause cardiovascular diseases, lung cancer, and respiratory diseases.
○ Secondhand smoke can cause the same diseases as direct smoking. **Such diseases** include cardiovascular diseases, lung cancer, and respiratory diseases.

電子レンジは，電磁波の照射によって食品を加熱調理する。その際，食品中の極性分子が回転し，誘電加熱によって熱エネルギーが生じる。
× In a microwave oven, food is cooked by being irradiated with

electromagnetic waves. At this time, **polar molecules in the food** are rotated and thermal energy is generated by dielectric heating.

日本語の「その際」がAt this timeと直訳され，2文目の主語として，新しい情報である「極性分子」が使われています。日本語に逐語的に対応するこのような英文は読み難いため，前文の内容を示すThe irradiation（照射）を主語にして，文と文の結びつきを強めます。このような文どうしの結びつきについては，「第8章 文どうしの結束性」（p.221参照）でも再度取り扱います。

○ A microwave oven heats and cooks food by irradiating the food with electromagnetic waves. **The irradiation** induces polar molecules in the food to rotate and produce thermal energy in dielectric heating.

【主語の決め方】のまとめ

●話題の中心（主題），上位の概念または構造，既出の情報のいずれかを主語に使う。

第2項　冠詞と数

主語を選んだら，主語の形を整えます。技術内容を記載する英文の主語は，無生物の「名詞」（物の名，概念，動作）であることが大半です。そのような主語の場合には，YouやWeやIと違って，名詞の「数」と「冠詞」を決定する必要があります。

冠詞と数を判断するには，主に次のステップにしたがいます。

ステップ1：theを使うかどうか

ステップ2：可算か不可算か

ステップ3：可算の場合に単数か複数か

ステップ1における冠詞theの判断基準は，読み手と書き手の双方にとってその名詞が「そこに存在しているものとして特定できる」かどうかです。定冠詞theには，次に説明するような「存在」を伝える役割があります。theを使わない不特定名詞と判断した場合には，名詞が輪郭をもつかどうかに応じて可算・不可算を判断します。可算の場合には単数か複数かを判断し，不可算の場合には無冠詞とします。なお，輪郭をもっていない不可算名詞に輪郭をもたせるには，単位（例：一杯の水，a glass of water）を使います。

2.1　冠詞―theの役割

定冠詞theは，英語の名詞の姿を決める際に重要な役割を果たします。「冠詞」と「数」の判断で一番はじめにくるのが，「theを使うかどうか」です。そこで，まずはtheの役割を説明します。

定冠詞theは「存在」を伝える

定冠詞**theは，その名詞が「そこに存在している」こと**を示します。ここでいう「存在」には，読み手と書き手にとって実際に目に見える形で存在している場合と，読み手と書き手の共通認識として頭の中に存在している場合があります。さらには，読み手に対して「頭に描いてほしい」と書き手が願うときにもtheが使えます。

theは，「そこに存在している事実」を表したり，「唯一である」と示したり，続けて配置する他の単語と一緒に「存在感」を作ったりする役割があるという意味で，this（これ），that（あれ），these（これら），those（あれら），your（あなたの），our（私たちの）と同義です。

【theseやourと同義】

> 一連の製品には発光ダイオード（LED）が搭載されており，省エネルギー化を図っています。
> **The products** incorporate light-emitting diodes (LEDs) for energy savings.

The productsはThese products（これらの製品）またはOur products（我々の製品）と同義。「読み手と書き手の共通認識」として頭に描けることを表しています。誤ってTheを使うのを忘れてしまうと，「世の中にある製品はどれでも」という意味になり不適です。

Products incorporate light-emitting diodes (LEDs) for energy savings.

【共通認識を求める】

1880年代初頭にイギリスではじめて近代的なコイン式自動販売機が導入され，「はがき」が販売された。
The first modern coin-operated vending machines were introduced in England in the early 1880s to dispense postcards.

「はじめて導入された近代的な自動販売機」について，読み手に共通認識を求めています。

【唯一として表す】

職場における喘息予防の鍵となるのは，屋内外の空気汚染を最小限に抑えることである。
The key to preventing asthma at work is to minimize indoor and outdoor air pollution.

書き手も読み手も認識できる「ただ1つの予防策」をtheで表しています。なお，次のように定冠詞theではなく不定冠詞aを使うと「数ある喘息予防策のうちの1つ」となります。冠詞が変わるだけで，意味が変わります。

A key to preventing asthma at work is to minimize indoor and outdoor air pollution.
(職場における喘息予防の鍵の1つが，屋内外の空気汚染を最小限に抑えることである。)

【後に続く単語の属性を示す】

オンライン学習の利点として，コスト削減，利便性と柔軟性の向上，コンテンツの更新のしやすさなどがあげられる。
The advantages of online learning include reduced costs, increased convenience and flexibility, and ease of content updates.

「オンライン学習」には利点があることを前提とした文脈，つまり後ろに続く単語の属性（＝その事象がもっている性質，つまり存在しているもの）を表すため，advantagesには必ずtheを使います。

なお，主語をadvantagesではなくonline learningとする場合には，advantagesにtheを使わずに次のように表します。「オンライン学習には利点がある」という新しい情報をこれから読み手に伝える文脈となります。

> Online learning has **advantages** including reduced costs, increased convenience and flexibility, and ease of content updates.

【後続の単語までをひとまとまりにする】

> 人工知能が発達したことにより，職場や私たちの日常生活は根本的に変わろうとしている。
> **The development of artificial intelligence** is fundamentally changing the workplace and our everyday life.

theにより，「すでに起こったこと，そこに存在するもの」というニュアンスが出ます。The development of artificial intelligenceをひとまとまりとして読ませたい書き手の意図があります。

【すでに行ったこととして表す】

> 実験を行ったところ，計算アルゴリズムが常に人間の判断を上回っていることが示された。
> **The experiment** demonstrates that computational algorithms consistently outperform human judgement.

「実験」にtheを使うことで，「すでに行った実験の存在」が表されています。このThe experimentは，This/That/Our experimentとも同義です。現在時制の使用も可能です。

× **An experiment** was conducted, and it was demonstrated that computational algorithms consistently outperform human judgement.

（実験を行った，そして～が示された）は冗長な英文です。不定冠詞/不特定表現は，「一般論」または「そこにないもの」を表します。

【可算名詞を種類として表す】

有限要素法（FEM）とは，工学や数学のモデリングにおいて微分方程式を解く数値解析手法である。
The finite element method（FEM） is a numerical technique for solving differential equations in engineering and mathematical modeling.

「有限要素法」という手法を，数ある手法のうちの1つではなく，その種類として捉えます。なお，不可算名詞を種類として表す場合には無冠詞となり，種類を表すtheは使えません。

2.2 「不特定」の意味

定冠詞theを使わない場合，存在を示唆しないことから，「不特定」であることを伝えます。不定冠詞a/anや無冠詞複数形とします。

不特定な表現は一般論，種類代表，仮定を表す

不特定な表現は，その名詞が「一般的であること」，「種類を代表していること」，または「存在が仮定されていること」を表すことができます。

定冠詞theを使った表現は，「そこに存在しているもの」を原則として表すことから，数が定まっていることが多く，書き手は比較的容易に数を判断できました。一方，不特定な表現は「数」の判断が書き手に委ねられます。そこで，不特定な表現の説明では，「数」についても併せて触れます。

【可算・複数で一般論を表す】

> 電気モーターは，直流電源または交流電源で動かすことができる。
> **Electric motors** can be powered either by direct current（DC）power sources or by alternating current（AC）power sources.

電気モーターを無冠詞で複数形で表すことで，一般的な電気モーターすべてにあてはまる内容を表しています。

【可算・単数aで一般論を表す】

> ガンマ線は，原子核が放射性崩壊するときに発生する透過型の電磁波である。
> **A gamma ray** is a penetrating form of electromagnetic radiation arising from the radioactive decay of atomic nuclei.

不定冠詞aを使って「ガンマ線」を表し，ガンマ線とは何かを定義します。

【不可算・無冠詞で一般論を表す】

> 物理学における放射とは，空間や物質媒体を介してエネルギーが波または粒子の形で放出または伝達されることである。
> **Radiation** in physics is the emission or transmission of energy in the form of waves or particles through space or through a material medium.

特定せずに「放射」を表すことで，放射とは何かを定義します。放射には，不可算名詞radiationを使います。

【不可算・無冠詞で動作を表す】

> 遺伝子組み換え食品を明記することで，生産者と消費者の間で透明性が高まる。
> **Labeling genetically modified foods** will increase transparency between producers and consumers.

「明記する」という動作を主語にしています。動名詞ingの形で表す動作は，基本的に不可算として扱います（例外として可算と不可算の両方になり得るのは，動作の結果物に焦点があたり名詞化したcoating＝被覆など）。ここでは無冠詞で特定せずに扱い，「明記するという行為」を表しています。

【不可算・無冠詞で仮定を表す】

> 過度な騒音下にいると聴覚が損なわれることがある。大きな騒音が長く続いたり，近距離になったりすると，さらに影響が強まる。
> **Exposure to excessive noise** can damage the hearing system. **Longer or closer exposure** to loud noise can be more damaging.

theを使わないことによって，「そこにはないもの」，つまり「～したとしたら」という仮定のニュアンスを表しています（p.32参照）。

【不可算名詞を数える】

> 機械学習では，アルゴリズムで入力データを分析したうえで，新たな出力値を予測する。教師あり機械学習には，訓練，検証，テストデータの3つの異なるデータが一般に必要とされる。
> Machine learning uses algorithms to analyze **input data** and predicts new output values. Supervised machine learning commonly uses three **different sets of data: training, validation, and test data sets.**

「入力データ」を不可算でinput **data**としたあとに，「3つの異なるデータ」をthree different datasやthree different dataと表すことはできません。不可算名詞に輪郭をもたせたい場合には，a glass of water（一杯の水）と同様の形で単位を使ってthree different **sets of data**と表すか，後ろに可算名詞を組み合わせてtraining, validation, and test **data sets**と表します。

可算・不可算の区別は，輪郭の有無を考えるとともに，辞書で確認しながら行います。オンライン英英辞書Longman（https://www.ldoceonline.com/jp/）は，可算・不可算の別が明記されていて便利です（p.37参照）。

2.3 数の扱いを理解する

「theの役割」と「不特定の役割」に基づいた冠詞の判断と併せて，名詞の「数」も決定します。互いに関連しながらも軸が異なる「数」と「冠詞」という2つのテーマを理解することで，名詞を正しく扱うことが可能になります。

名詞を使うときには，「数える（可算）」か「数えない（不可算）」かをまず判断し，可算の場合には「単数」か「複数」かを決める必要があります。「数える」とは，名詞に確固とした形や輪郭を与えることです。「数えない」とは，名詞を大きな集合体や概念，限りない広がりとして扱うことです。輪郭があるかどうかで，各名詞の可算・不可算が決まっています。名詞によっては可算・不可算の両方があり，文脈に応じて使い分けます。

可算名詞の例

可算名詞とは，製品（product），LED（light-emitting diode），はがき（postcard）など，形や輪郭が明確である名詞のことです。可算名詞は，必ず単数か複数かを明示します。その際，状況に応じて数が決まっている場合には単純にその数を選びます。数が決まっていない場合には，複数形で「一般的なもの」や「世の中やその状況下に存在している不特定多数」，単数形では，1つを代表して取り出したものを表します。

【数が決まっている】

A postcard announcing the opening of an art gallery has arrived.
美術館開館のお知らせはがきが届いた。（1枚とわかっている）
Postcards announcing the upcoming sales events have arrived.
セール開催のお知らせはがきが届いた。（複数枚とわかっている）

【数が決まっておらず，一般的なものを指す】

Postcards can be purchased at convenience stores.
コンビニではがきが購入できる。（世の中に存在している不特定多数を指す）
A Japanese postcard has a size of 100 by 148 mm.
日本のはがきのサイズは100 mm × 148 mmである。
（1枚に焦点をあててその特徴を示す。はがきという種類を代表して表す）

不可算名詞の例

不可算名詞とは，「仕事（work）」や「喘息（asthma）」など，集合体や概念で，限りなく広がる名詞のことです。これらの名詞には輪郭がなく，「そのようなもの」という名詞の性質を表しています。不可算名詞といえば，「水（water）」などの物質を想像しがちですが，さまざまな事象や概念も不可算になり得ます。不可算扱いの名詞は，無冠詞で種類全体を指します。なお，the workは「特定の仕事」，the asthmaは「特定の人が患っている喘息」や「その状況での喘息」を表します。

workは「作品」という意味では可算になり，energyは「人の活力」という意味だとenergiesという複数形で表しますが，ここではそれぞれの名詞の不可算の役割に着目します。

> Many unskilled young people are currently out of **work**.
> 専門的な技術をもたない多くの若者が失業している。

> Some employees may be dissatisfied with **the work** and leave the company.
> 仕事が気に入らなくて会社を去る従業員もいる。(= their work)

> The patient had **asthma**. **The asthma** caused him to have difficulty in breathing and to cough constantly.
> 患者は喘息を患っていた。そのために呼吸困難があり，絶えず咳き込んでいた。(= That asthema)

可算・不可算両用の名詞の例

最後に，可算・不可算の両方が可能な名詞もあります。「削減（reduction）」と「食品（food）」を例にあげると，reductionは，輪郭のない概念の場合には不可算，どのくらいの削減値かを想定する場合には可算とします。foodは，食料という概念を指す場合には不可算，食品の種類を表す場合には可算となります。

> The new high-power LEDs enable **system cost reduction**.
> 新しい高出力LEDによってシステムコストの削減が可能になる。

The new high-power LEDs enable **a system cost reduction** of up to 40%.
新しい高出力LEDによって最大40%のシステムコスト削減が可能になる。

Food affects your health conditions. A healthy diet includes natural **foods** such as vegetables, grains, nuts, and fruit.
食べ物は健康状態に影響を与える。健康的な食物の例として，野菜，穀物，ナッツ，果物などの天然食品があげられる。

【冠詞と数】のまとめ

- 定冠詞theは「そこに存在している」ことを示す。物理的に存在している場合，共通認識として存在している場合，読み手の頭に描かせたい場合，句を一息で読ませたい場合に使う。
- 特定しない，つまり名詞を数える場合の単数のa/anと複数の無冠詞，数えない場合の無冠詞は，そこに存在していない可能性や一般論，種類の代表などを表す。
- 名詞を数える（可算）と判断した場合には，単数か複数かを決める。
- 「数える（可算）」とは，名詞に輪郭を与えることであり，「数えない（不可算）」とは，名詞を大きな集合体や概念，限りなく広がるものとして扱うことである。可算名詞，不可算名詞，可算と不可算両用の名詞がある。

More Teachings

手軽で便利なオンライン英英辞書3点

さまざまな英英辞書がありますが，筆者が基礎の確認に欠かさず使っているのは，名詞の可算/不可算を確認するLongmanと，自動詞と他動詞の区別や用語の定義を確認するCollins COBUILDです。この2つは，手軽に引けて，それぞれの区別に秀でていることから，自身のライティングに加えて技術英語の講義でも頻繁に使用しています。加えて，英単語の確認にGoogle検索のdefineという機能を使うことがあります。こちらは主に語源の確認に使用しています。

■英英辞書Longman（https://www.ldoceonline.com/jp/）

可算（countable）と不可算（uncountable）の分類の確認に便利な辞書です。例文も確認すると理解が進みます。

例：temperature（温度）
[countable, uncountable]
定義：a measure of how hot or cold a place or thing is
例文：The temperature of the water was just right for swimming. / Water boils at a temperature of 100ºC.

インターネット上では，緑の文字でcountable, uncountableの別が表示されます。temperatureの場合には両方が並びます。100ºCという値に先行するtemperatureは，可算名詞のaを使うことで，「値」が出ることを予告しています。The temperature of the waterは「温度」を概念で表しつつ，「その水」の属性として温度を特定しています。

■英英辞書Collins COBUILD（https://www.collinsdictionary.com/）

自動詞・他動詞の別と英単語の意味を調べるのに便利な辞書です。平易な単語を使って完全文で用語を簡明に説明しているのが特徴です。

例：corrode（腐食する）
定義：If metal or stone corrodes, or is corroded, it is gradually destroyed by a chemical or by rust.

corrodeの対象となるのがmetal or stone（金属や石）であり，さらにはcorrodes, or is corrodedから，自動詞と他動詞の両方でcorrodesが使えることがわかります。

■Google（https://www.google.com/）のdefine検索機能

Googleの検索窓に調べたい単語を入れて，同時にdefine（または例えばmeaning ofなど類似のフレーズ）を入れて検索すると，Oxford University Press（OUP）による辞書から用語の定義が現れます。用語の定義のみならず，単語の発音と類義語，語源（origin）と使用状況の推移（Use over time）も併せて教えてくれて便利です。なお，類義語や語源が表示されない場合には，

「その他の定義と語源（Translations and more definitions)」をクリックして，折り返しを全体表示します。

「類義語」と「語源」を見ることで，単語の意味をより把握しやすくなります。特に「語源」を手軽に見られる点が便利で，筆者は単語の意味をより深く理解したいときに活用しています。

例えば2つの英単語sample, specimenの語源を調べると，次のようにspecimenは「specere（to look）→ specimen（pattern, model)」になり，sampleは「essample（example）→ sample」になったことがわかり，各単語の理解が進みます。

specimenの語源

LATIN / LATIN
specere → **species** → **species**
to look / appearance, form, beauty / late Middle English

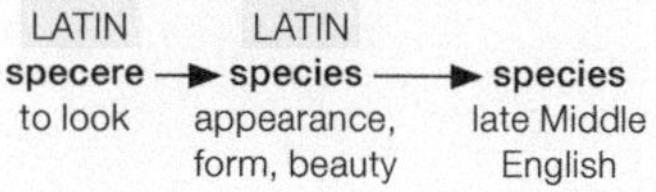

sampleの語源

OLD FRENCH / ANGLO-NORMAN FRENCH
essample → **sample**
example / Middle English

第2章

動詞の選択

日本語と英語では，動詞を置く位置が大きく異なりますが，テクニカルライティングに話を限定すれば，動詞の選択にあたって留意すべき点は似ています。

日本語には，主語がそれほど重要でなく，動詞を文末に配置するという特徴があります。そのため，文を力強く締めくくるために，具体的な一意の動詞を選びます。

対する英語は，主語の直後に配置する動詞によって英文の型が決まります。テクニカルライティングにおいては，適切な文型を選び，簡潔で明確な英文を作成するために，「する（doやperform）＋動作」や「群動詞（イディオム）」ではなく，やはり具体的な一意の動詞を選ぶことが必須です。

本章では，日本語と英語のそれぞれにおける効果的な動詞の選択方法に加え，英語については，動詞で定める3つの文型SV, SVC, SVOの使い分けについても説明します。

2.1節　力のある動詞を選ぶ　日本語

日本語は動詞で文を終えることが多いため，動詞が文の印象を大きく左右します。そのため，動詞の選び方を誤ると，文章の洗練度を下げ，読み手を退屈させてしまい，最後まで読んでもらえないという事態を招くことにもなりかねません。そこで本節では，明快で力強い文章を書くための動詞の選び方を紹介します。

第1項　使用を避けるべき淡白な動詞

読者の皆さんは，動詞が及ぼす影響をどの程度考えながら文章を書いているでしょうか。自身の文章を振り返ってみて，次のような動詞を頻繁に使っていないか思い出してみてください。

1.1 「〜をする」，「〜を行う」

We conducted extensive research into the impact of this housing land development on the ecosystem.
△ 私たちは，この宅地開発が生態系に及ぼす影響についての広範な調査を**行った。**

「行う」という動詞は，目的語を選ばない万能動詞です。意味範囲が広く，あまり考えずに使えるため，気がつくと「〜を行った。」だらけの文章になってしまうわけですが，そのことに気づいていない人も多いでしょう。しかし，この類の文が並んだ文章は，動詞のインパクトが弱いうえに，述語の彩りも乏しいため，読み手を確実に飽きさせてしまいます。

1.2 「〜になる」，「〜にする」，「〜となる」

The modification in the algorithm resulted in significantly fewer errors.
△ アルゴリズムの修正により，エラーの数が大幅に**少なくなった。**

技術文書は，増加・減少や上昇・下降など，事象の変化を述べずには成り立ちません。しかし，moreやless，higher，lowerといった比較級を目にするとつい，「少なくなる」や「高くする」のように，副詞を安易に動詞化してしまいます。

「～になる」や「～にする」を使えば，どんな副詞でも動詞化できるため，非常に便利ではありますが，2文節の動詞は響きが冗漫であることに加え，やや洗練を欠きます。

同様の表現として，「～となる」もあまりおすすめできません。英日翻訳ではあまり使われませんが，日本語で書かれた技術文書に頻繁に見られます。

> γ－アミノプロピルトリメトキシシランをガラス板に塗布すると，UV未照射部が良好接着部分**となる**。

「～となる」は，英語だとbecomeやserve asで表されることが多いのですが，筆者の経験によると，becomeやserve asを安易に使うと，拙い英文になりがちです。試しにこの文を，becomeを使って英訳してみます。

> △ If γ-aminopropyltrimethoxysilane is applied to the glass plate, the UV-unirradiated part becomes a well-adhesive part.

これらの動詞は，いずれも淡白でインパクトに欠けるため，例文中の「徹底」や「大幅に」といった強意語の威力が薄まって読み手に伝わります。このような「空っぽの動詞」が並んだ文章は，やはり読み手を飽きさせてしまいます。長い文章を読んでもらうためには，「接着力が**強まる**」，「接着性が**高まる**」，「良好に**接着する**」など，具体的で生き生きした力強い動詞が欠かせないのです。

1.3 「～させる」

> Intel and other manufacturers have improved CPU performance by increasing their clock speed and shrinking their die size.
> △ インテルなどのメーカーは，クロック速度を高め，ダイサイズを微細化することによってCPU性能を**向上させてきた**。

最初の3例とは異なり，「向上する」はポジティブで力強い言葉です。しかしこの文では，「させる」を使って自動詞を無理やり他動詞に変えています。「性能を向上する」とはいえませんから，この処理自体は正しいのですが，「させる」は他動詞とも結びつき，「資金を負担させる」や「不具合を解消させる」など

「強制」のニュアンスを帯びたネガティブな表現を作ります。自動詞と結びついた場合に，必ずしもネガティブなニュアンスが生まれるわけではありませんが，「させる」という言葉を積極的に使う理由はあまり見当たりません。

【使用を避けるべき淡白な動詞】のまとめ

- 「～を行う」という動詞は便利で使いやすいが，空っぽで読み手に響かない。
- 副詞を動詞化しても，読み手の心を感化することはできない。
- 自動詞を「させる」で他動詞に変えても，相手にネガティブな印象を抱かせる可能性がある。

第2項　好ましい動詞を選ぶ方法

淡白でインパクトに欠ける動詞やネガティブな響きを帯びた動詞を力強くポジティブな動詞に変えるのは，実はそれほど難しくありません。上記の例文を用いてそのパターンを紹介したうえで，改善策を提案します。

2.1 「～をする」，「～を行う」→「～する」

We **conducted** extensive research into the impact of this housing land development on the ecosystem.

△ 私たちは，この宅地開発が生態系に及ぼす影響についての広範な調査を**行った。**

「～をする」や「～を行う」という動詞を導いてしまう英語の動詞には，doとmake以外に，conductやimplement，performなどがあります。doやmakeを技術文書で目にすることは稀ですが，conduct，implement，performは頻出するので要注意です。これらの動詞に対して「～をする」や「～を行う」を使いそうになったら，直前の「～」に注目しましょう。この文では「調査」という名詞が使われていますが，「調査」が動詞としても使えることに気づけば，自ずと問題は解決します。

○ 私たちは，この宅地開発が生態系に及ぼす影響について幅広く**調査した。**

「調査をする」を「調査する」に変えても1文字減るだけですが，「調査をする」が2文節であるのに対し，「調査する」は1文節なので，見た目以上に文が引き締まり，力強さが生まれます。この例のように，「する」や「行う」の直前が漢字の名詞であれば，その名詞をそのまま動詞として使えることが多いでしょう。このような「2字漢語＋する」という形の動詞は，「せ・し・す・する・すれ・せよ」と活用することから，「サ行変格活用動詞（サ変動詞）」と呼ばれます。

サ変動詞は，「行う」のような汎用動詞とは異なり，意味が具体的・限定的であることから，明確な記述が求められる技術文書との相性が良好ですが，自動詞と他動詞の違いが曖昧なものが多いという問題があります。例えば，「生成する」という動詞は本来，「生じたものが形になる」という意味の自動詞ですが，現在は，「海水をろ過して飲料水を生成する」のように，「物を作り上げる」という意味の他動詞としても広く用いられています。また，「完了する」という動詞は，「作業が完了する」のように自動詞として使うことも，「作業を完了する」のように他動詞としても使うこともできます。サ変動詞の自動詞・他動詞を区別するための明確な判断基準な存在しないようなので，迷うことも少なくありませんが，区別がつかない場合には，同じ意味の和語を使えばよいでしょう。例えば「減少する」と同義の和語は，自動詞なら「減る」，他動詞なら「減らす」であり，区別が明確です。

このように，「～をする」と「～を行う」は，原則として使わないことを推奨しますが，例外として，複数の2字漢語が目的語として並んでいる場合には，「～を行う」を使用してもよいでしょう。

The dialer connected to your computer allows you to control or mute the audio volume and pause your playback at hand. ○ パソコンに接続したこのダイヤル型デバイスを使って，音量**調節**やミュート**操作**，一時**停止**を手元で**行う**ことができます。

「行う」を使わないでこの文を書き表すと，長くなることに加え，「たり」の繰り返しによってダラっとした響きが生まれます。

△ パソコンに接続したこのダイヤル型デバイスを使って，手元で音量を調節したり，ミュートにしたり，一時停止したりすることができます。

2.2 「～になる」，「～にする」，「～となる」→ 同義の動詞

The modification in the algorithm resulted in significantly fewer errors.
△ アルゴリズムを修正した結果，エラーの数が大幅に**少なくなった**。

副詞から作られた動詞は，高確率で同じ意味の動詞が存在します。「少なくなる」なら，「減る」や「減少する」です。

○ アルゴリズムを修正した結果，エラーの数が大幅に**減少した**。

類例をいくつかあげると，「高くなる」なら「高まる」，「上がる」，「上昇する」にいいかえられますし，「軽くする」なら「軽量化する」などの表現を使ったほうが洗練されています。「～化」は，「副詞＋する」に対する有効な代替選択肢ですが，多用しすぎると文がいかめしくなり，読み手を突き放すような冷たい響きを帯びてきますので，ほどほどに使いましょう。「合理化する」や「可視化する」は問題ありませんが，「簡潔化する」よりは「簡潔にする」のほうがよく，文脈や媒体にもよりますが，「肥厚化する」よりは「厚くする」や「厚みを増やす」のほうが，一般に受け入れられやすいでしょう。

△ γ－アミノプロピルトリメトキシシランをガラスに塗布すると，UV未照射部が良好接着部分**となる**。

「～となる」も，やはり別の動詞にいいかえるのが得策ですが，この文は，主節が「～部が～部分となる」という冗長表現なので，文そのものを書きかえる必要があります。「良好」や「接着」という言葉を頼りに，次のように書きかえるとよいでしょう。

○ γ－アミノプロピルトリメトキシシランをガラス板に塗布すると，UV未照射部の // **接着性が高まる / 接着強度が上がる** //。

英語に訳されることを想定して日本語を書く場合，このようないいかえによってimproveやenhance，adhere betterといった動詞表現を導き出せるため，英訳された場合に，生き生きした英文に変わります。最初からこのような和文が書かれているのが理想的です。

2.3 「～させる」→ 同義の他動詞

Intel and other manufacturers have improved CPU performance by increasing its clock speed and shrinking its die size.
△ インテルなどのメーカーは，クロック速度を高め，ダイサイズを微細化することによってCPU性能を**向上させてきた**。

「させる」という動詞を使う前に，同じ意味の他動詞を探してみてください。

○ インテルなどのメーカーは，クロック速度を高め，ダイサイズを微細化することによってCPU性能を // **高め** / **引き上げ** // **てきた**。

improveに対しては，「改善する」や「改良する」という動詞も有効ですが，この2つの言葉には，「これまでは悪かった」というニュアンスが感じられるため，文脈をよく見て判断します。

「させる」を回避するもう1つの方法として，元の自動詞をそのまま活かすことも検討に値します。

At this stage, the beer is cooled to around freezing, which encourages settling of the yeast, and causes proteins to coagulate and settle out with the yeast.
△ この段階で，ビールが凝固点付近まで冷却されます。この冷却が酵母の沈殿を促し，タンパク質を**凝固させ**，酵母とともに**沈殿させます**。

causeは確かに「～させる」という意味なのですが，「主語から「論理」を表す副詞句への変換」という技法により，「凝固する」と「沈殿する」という2つの自動詞をそのまま活かすことができます。

○ この段階では，ビールが凝固点付近まで冷却されます。この冷却によって酵母の沈殿が促され，タンパク質も**凝固して**酵母とともに**沈殿します**。

ここで適用した主語の変換という技法については，第3章「「論理」を表す副詞句への変換」（p.66参照）で詳しく説明します。

具体的でインパクトのある動詞を選ぶことにより，和文としての魅力や説得力が高まるだけではありません。繰り返しになりますが，その文章が英訳されたときに，明快で力強い英文になりやすいというメリットもあるのです。

【好ましい動詞を選ぶ方法】のまとめ

- 「○○をする」から「を」を取り除くだけで，鮮やかな動詞に早変わりし，読み手の退屈な感情も取り除くことができる。
- 「多くなる」のような「動詞化した副詞」を「増大する」のような純粋な動詞にいいかえることで，読み手に対するインパクトも増大する。
- 「○○となる」という述語は，技術文書においてほぼ不要。動きのある具体的な動詞に書きかえる
- 「～させる」という形の他動詞は避け，別の他動詞にいいかえるか，主語の変換によって元の自動詞を活かす。

Coffee Break

サッカーから学んだ基本単語の意外な意味

筆者は若い頃にサッカーをしており，海外のクラブでプレーした経験もあったことから，大規模なサッカー記事英日翻訳プロジェクトに参加していました。15年くらい前のことです。

次々に送られてくる試合レポートを短時間で訳すこの仕事は，自身の経験が活かせる喜びを味わえるとともに，誰もが知っている初歩的な単語に意外な意味があることも教えてくれました。その一部を，例文とともにクイズ形式で紹介します。

1. Tomiyasu **found** Kieran Tierney with a cross from the right flank.
冨安が右サイドからのクロスでキーラン・ティアニー（　　）。

2. Smith Rowe reacted quickest to a rebound and smashed the ball **home** from close range.
スミス・ロウがこぼれ球にいち早く反応し，至近距離から（　　）。

3. Gabriel Martinelli's **effort** from the left was denied by Kasper Schmeichel.
ガブリエル・マルティネッリによる左からの（　　）は，キャスパー・シュマイケルに阻まれた。

4. Nketiah **clinically** slotted the ball into the bottom corner in the 68th minute.
68分にエンケティアがゴール下隅へと（　　）流し込んだ。

1.の答えは，「を見つけた」ではなく「に合わせた」です。文脈から感覚的に理解できたかもしれません。そのほかに，find the net（ゴールネットを揺らす）やfind the post（ゴールポストを直撃する）といった表現もよく見られます。

2.の答えは，「家に叩き込んだ」ではなく，「ゴールに叩き込んだ」です。とはいえ，このhomeはゴールという意味ではなく，一種の擬態語で，「グサッ」「ズバッ」「バシッ」という雰囲気を伝えています。

3.の答えは，「努力」ではなく「シュート」です。「シュート」を表す英単語は実に豊富で，ほかにも，shot，strike，attempt，drive，finishなどがあります。ちなみに，ヘディングシュートはheaderです。

4.の答えは，「臨床的に」ではなく「冷静に」です。

全問正解できた方は，なかなかのサッカー通といえるでしょう。全問不正解で，私の贔屓クラブだけがわかった方は，きっとただのサッカーオタクでしょう。少なくとも私とは話が合いそうです。

2.2節　動詞で文型を決める　英語

英文の大きな特徴は語順の厳格さです。主語をはじめに配置し，次に動詞を続けます。何かに働きかける動作を表す「～を～する」という他動詞を使うのか，何にも働きかけることなく，単体で動作が完結する「～する」，「～である」という類の自動詞を使うのか，主語の状態を説明する「～である」というbe動詞を使うのかによって，英文の構造，つまり文型が決まります。簡潔で明確な英文を作成するために，具体的な一意の動詞を選ぶことが大切です。

この章では，効果的な動詞とはどのようなものかをはじめに定義し，技術文書で使用する3つの文型SV, SVC, SVOのそれぞれの利点を説明します。

第1項　効果的な動詞

動詞は，英文の構造を決めるうえで重要な役割を果たします。英語は効率的な言葉であり，動詞部分で態と時制を同時に表すことから，動詞は読み手にとって，英文をスムーズに読み進めるための鍵となります。そのため，具体的で明快な動詞1語で表現することが重要です。

テクニカルライティングでは，技術的な内容について書くため，人ではなく，物や動作，概念などの無生物が主語になることが多いのですが，それでもできるだけ能動態を使って簡潔に表現するのがおすすめです。時制は，定常的な動作を表す現在形を基本とし，過去から現在までを一度に表す現在完了形，過去の1点の出来事を表す過去形，そして助動詞willを使った未来表現も必要に応じて使うことができます。

1.1　doやmakeを避ける

動詞1語で表すということは，具体性に欠ける動詞do（～をする）やmake（～を作る・する）の使用を避けて，動詞を本来の形で使用するということす。日本語は，名詞＋「行う」や「する」といった形が英語に比べると多いため，それに引きずられないよう注意が必要です。

最新のスマートスプリンクラーシステムは，散水スケジュールの調整を自動で行う。

△ The latest smart sprinkler system automatically **makes adjustments to**

the watering schedule.
○ The latest smart sprinkler system automatically **adjusts** the watering schedule.

「調整を行う」という日本語に引きずられたmake adjustmentsでは，動詞の名詞形adjustmentの単複の判断や名詞のあとの前置詞の選択など書き手の負担が増すうえに，動詞部分が複雑になり，読みづらくなります。そこで，名詞として隠れていた動詞adjustを使います。ただし，「複数回の調整を行う」や「複数項目の調整を行う」などと明示したい場合には，名詞adjustmentsを残すこともできます。

マスクアライナーは，半導体製造工程におけるマスクとウェハーの位置合わせを行う。
× The mask aligner **performs alignment** between the mask and the wafer in the semiconductor manufacturing process.
○ The mask aligner **aligns** the mask with the wafer in the semiconductor manufacturing process.

本来の動詞alignを使うことで，英文が引き締まります。「alignerがalignする」のように主語に動作が隠れている動詞を使うことは許容されていますが，異なる動詞を使いたい場合には，次のように，伝える情報を変更することも可能です。

○ The mask aligner **places** the mask **precisely** over the wafer in the semiconductor manufacturing process.

車の定期修理は，ライセンスをもつ専門家が行っている。
× Licensed professionals **do** regular **repairs** of the vehicles.
○ Licensed professionals regularly **repair** the vehicles.

「行う」に対応するdoに代えて，名詞として隠れていた動詞repairを使うことができます。ただし，技術分野で馴染みのあるmaintenance（メンテナンス）という名詞と一緒に「各種修理（複数の修理）」という意味で名詞のrepairsを使いたい場合には，「実施する」を表すperform（またはconduct, implement）をdo

の代わりに使うことができます。動作を受ける主体を主語にして「～を受ける・経験する」を表すundergoという動詞を使うこともできます。大切なのは，文脈や著者の意図に応じて最適な表現を自在に選択できることです。

○ Licensed professionals **perform** regular maintenance and repairs on the vehicles.
○ The vehicles **undergo** regular maintenance and repairs by licensed professionals.

なお，「実施する」を表すperform, conduct, implementのうちいずれを使うべきかは，組み合わせる名詞によって決まります。“perform maintenance”, “conduct maintenance”, “implement maintenance” という具合に語句を引用符で囲み，インターネット検索Googleでヒット数を比べたり，同様のフレーズをGoogle Ngram Viewer[1]というサイトで検索し，Googleブックスに収容されている書籍からのヒット数を調べたりといった方法が有効です（p.62参照）。検索の結果，ヒット数が多かった上記の表現に決定しました。

1.2　群動詞（イディオム）を避けて1語で表す

群動詞，つまりイディオムは，話すときには有効ですが，書き言葉，特に技術文書では，語数が増える，意味をとり違える，といった理由により不適です。1語だけで表せる動詞を使いましょう。

自動化によって，2030年までに世界全体で2000万もの雇用がなくなる可能性がある。
△ Automation may **take the place of** as many as 20 million jobs worldwide by 2030.

1語で表せる動詞を上手く活用すれば，the placeのtheが必要かどうか，といった名詞にまつわる悩みもなくなります。

○ Automation may **replace** as many as 20 million jobs worldwide by 2030.

[1] https://books.google.com/ngrams

DNAの二重らせん構造は，2本の鎖を分子のはしごの段でつないだ「ねじれたはしご」のような形をしている。

△ The double helix of DNA **looks like** a twisted ladder consisting of two strands connected by molecular rungs.

○ The double helix of DNA **resembles** a twisted ladder consisting of two strands connected by molecular rungs.

twisted ladder＝ねじれたはしご，strand＝鎖，rung＝はしごの段

「～のような形をしている」に動詞1語のresembleが使えます。技術的な内容を表すとき，例えばa twisted ladderに対して，consisting of two strands connected by molecular rungs（2本の鎖を分子のはしごの段でつないだ）のように修飾が増えても読みやすい文を作るために，文の構造を定める動詞の部分を簡潔にしておくことが重要です。

世界的な人口増加が都市部に集中して起こっている。

△ Global population growth has been **taking place** exclusively in urban areas.

さまざまな発想で動詞1語に書きかえます。

○ Global population growth has been **occurring** exclusively in urban areas.

○ Global population growth has been **concentrated** in urban areas.

occur（起こる）やconcentrate（集中する）を使い，単語数を減らしました。

○ The population has been **growing** exclusively in urban areas across the world.

growthという名詞形から，動詞grow（増加する）を見つけました。動詞はgrowのほかにincrease（増す）も可能です。The population（人口）を主語にしたことで，全体の構成も一部変わりました。

○ Urban areas have been exclusively **experiencing** global population growth.

主語を変えてexperience（～を経験する）を使いました。

産業用ロボットによって，製造業に代表される多くの産業に革命がもたらされた。
△ Industrial robots have **brought about** innovations to many industries, most notably manufacturing.
○ Industrial robots have **delivered** innovations to many industries, most notably manufacturing.
○ Industrial robots have **innovated** many industries, most notably manufacturing.

「もたらす」を表すbring aboutを動詞1語で表します。力強い動詞deliverや，「イノベーションをもたらす」を1語で表すinnovateが使えます。

名詞形innovationsを残したdelivered innovationsの場合には，例えばinnovationsに該当する具体的な名詞をさらに列挙できるという利点があります。

○ Industrial robots have **delivered innovations** to many industries, most notably manufacturing, **such as** increased production capacity and reduced cost.

このように，戦略的に名詞形を残すことも可能です。

1.3 lead toとresult inは間接的

「結果的に～となる」を表すlead to, result inは，後ろに名詞形を置く必要があり，文の組み立てが複雑になるため，あまり推奨できません。ここでも，隠れている本来の動詞を和文から探します。

世界の人口が増え，都市化が急速に進んだことによって，自然の地形が急速に変化した。
△ Global population growth and rapid urbanisation **have resulted in** the

rapid **transformation of** natural topographies.
○ Global population growth and rapid urbanisation **have** rapidly **transformed** natural topographies.

オゾン層の減少により，地表に届く中波長紫外線（UVB）の量が増加した。
△ Ozone layer depletion **has led to an increase in** the amount of UVB at the Earth's surface.
○ Ozone layer depletion **has increased** the amount of UVB at the Earth's surface.

隠れている動詞が見つからない場合には，間接的な因果関係を伝えたければあえてlead to / result inを保持し，そうでなければ，例えば1語の動詞であるcauseなどに変更できます。

継続的な都市開発により，都市ヒートアイランド現象が生じる可能性がある。
○ Continuous urban development can **lead to** urban heat island effects.
○ Continuous urban development can **cause** urban heat island effects.

1.4　副詞＋「なる」「する」はSVOに変える

「〜になる」という日本語にひきずられたbecomeは，不自然に響くことが多いため，別の動詞を探します。また，日本語の「〜くする」に対応する「make 目的語 〜」は，文型がSVOCとなって語数が増えるため，別の動詞1語で簡潔に表すことを試みます。SVOの文型に変更できることが多いでしょう。

エアフィルターが目詰まりしたら交換することで，車の燃費がよくなる。
× By replacing any clogged air filter, the fuel economy of your vehicle **becomes better**.
× Replacing any clogged air filter **makes** the fuel economy of your vehicle **better**.
○ Replacing any clogged air filter will **enhance** the fuel economy of your vehicle.

半導体素子の積層によって，シリコン基板上に集積できるICの個数が多くなる。

× Stacking semiconductor devices **makes it possible** to integrate a larger number of ICs on silicon substrates.

○ Stacking semiconductor devices **increases** the number of ICs integrated on silicon substrates.

○ Stacking semiconductor devices **enables** higher integration density of ICs on substrates.

【効果的な動詞】のまとめ

- 本来の動詞を隠してしまうmake, perform, doを使わずに具体的な動詞1語を使う。
- 群動詞（イディオム）をやめて具体的な動詞1語を使う。
- lead toやresult inといった「間接的」な動詞は使い方を間違えやすく，回りくどいため，無生物主語を活用して直接的に表す。
- 「～になる」にbecomeや「make＋目的語＋～」を多用せず，別の明快な他動詞を探す。

第2項　動詞の種類と文型

動詞には，何かに働きかける動作を表す**他動詞**と，何にも働きかけず，ひとりでに起こる動作を表す**自動詞**があります。他動詞と自動詞の両方の役割がある動詞もあります。

前項「効果的な動詞」では，adjust, alignなどさまざまな他動詞を使ったSVO型の文が多く登場しました。英語は自動詞よりも他動詞の数が多く，他動詞を使うことで力強い印象を与える英文が書けるためです。一方，自動詞を使ったSV型の文は，主語について描写しますので，自然現象の描写や状態の説明に適しています。

それに対し，be動詞は「不完全自動詞」と呼ばれ，後ろに補語（C）を必要とします。不完全自動詞には，ほかにもremain（～という状態を保つ）やweigh（～の重さがある）などがあります。

動詞の選択によって定まる3つの文型SV, SVC, SVOを正しく使い分けて，正確，明確，簡潔な文を作りましょう。

2.1　自動詞で作るSV

技術文書では，現象など「ひとりでに起こる動作」を説明することが多いため，自動詞にも多く出番があります。自動詞は目的語を必要としないため，文を簡潔にできるというメリットがあります。

ウイルスは，突然変異によって常に変化している。新たな変異株が現れては消える。長期間存在し続ける変異株もある。
○ Viruses constantly **change** through mutation. New variants **appear** and **disappear**, and some variants may **persist**.

change（変化する）には自動詞と他動詞の両方の用法がありますが，ここでは自動詞で使用されており，「ウイルスがひとりでに変化する」ことを表しています。appear（生じる），disappear（消える），persist（持続する，生き続ける）はいずれも自動詞としてのみ働きます。

台風は，海上の暖かく湿った空気が対流によって上昇することによって生じる。
○ Typhoons **form** when convection causes warm and moist air above the ocean to rise.

formは自動詞と他動詞の両方として働くので，他動詞を使って
Typhoons are formed by convection that causes warm and moist air above the ocean to rise.（台風が対流によって形成される）
と表現することもできますが，自動詞として使うことで，受動態を避けられます。

周囲に木がある場所とない場所で，平均温度の差は10℃にもなり得る。
○ The average temperature can **vary** up to 10 degrees C between places with trees and places without trees.

varyにも自動詞・他動詞の両方の用法がありますが，ここでも自動詞として使用することで，簡潔に表現しています。

社会インフラには，学校や病院，スポーツやレジャー施設，ショッピングセンターなどがある。
○ Social infrastructure **ranges** from schools and hospitals to sports and leisure facilities and shopping centers.

rangeは自動詞ですが，単独では有効に機能せず，前置詞句を伴うことがほとんどです。

2.2　be動詞ほかで作るSVC

be動詞は，「〜です」や「〜である」という日本語に対応づけてしまいがちですが，「主語が何であるかを定義する」際に効果的に使える動詞と理解するのが有効です。加えて，「主語がどのような状態か」を表すこともできます。状態は，形容詞を使って自在に表現できます。

腫瘍とは，組織の異常な塊や腫れのことであり，良性のものと癌性のものがある。
○ A tumor is an abnormal mass of tissue or swelling and **can be** either benign or cancerous.

前半で「主語が何ものか」を名詞で定義し，後半で形容詞を使って「主語の状態」を述べています。

水素は，エネルギーの生産と利用に革命をもたらす未来の燃料といえる。
○ Hydrogen **is** the fuel of the future that will revolutionize the way we produce and use energy.

「水素」が何ものかを，be動詞を使って定義しています。SVC型の文は，このように限定用法の関係代名詞thatを使った定義文として用いることも少なくありません。

アポトーシスとオートファジーの関係は，いまだ明らかになっていない。
○ The relationship between apoptosis and autophagy **remains** unclear.

不完全自動詞remain（依然として～である）を形容詞と組み合わせることで，否定文であるhas not been clarified yetよりも短く表せます。

remain unclear以外にも，remain unknown（知られていない），remain poorly understood（十分に理解されていない），remain undefined（確立していない），remain controversial（議論の余地がある）など，さまざまなバリエーションが可能です。

NASAが報告した巨大な小惑星は，重さが約143,000トン，長さが約148フィートである。
○ The massive asteroid reported by NASA **weighs** about 143,000 tons and **measures** about 148 feet long.

自動詞weigh（重量が～である）とmeasure（サイズが～である）もSVCを作れる動詞です。be動詞を使ったThe weight of the massive asteroid reported by NASA is about 143,000, and its length is 148 feet. よりも少ない語数で表現することができます。

2.3　他動詞で作るSVO

何かに働きかける動作を表す他動詞を使って「主語が～を～する」と表現するSVOは，技術文書に欠かせない文型です。元の日本語の「主語」と「動詞」がSVOの文型に対応しない場合であっても，SVOで表現できることがあります。具体的な動作を表すさまざまな他動詞を活用しましょう。

温室効果ガスによって熱が閉じ込められ，地球の温度が上昇する。
○ Greenhouse gases **trap** heat and **raise** the global temperature.

主語「温室効果ガス」が「熱を閉じ込め」，「温度を上昇させる」というSVO型に組み立てることにより，すっきりとした英文になります。日本語で「温室効果ガスが熱を閉じ込め，」と表現することは稀なので，英文を組み立てるときは元の日本語から無生物の主語を探すことが有効です。

オフィスをデジタル化すれば，時間とお金のかかる手作業が不要になります。
○ Office digitization will **eliminate** time-consuming and costly manual processes.

「オフィスのデジタル化」を主語にし，「～をなくす」を表す他動詞eliminateを使ってSVOを作ります。このような無生物主語を使った表現はp.77で詳しく説明します。

在宅勤務は，時間とコストを節約することで，労働者と組織の双方にとってのメリットとなる。
○ Teleworking **benefits** both workers and organizations by saving time and money.

名詞benefitを使ったTeleworking brings benefits to both workers and organizations... が頭に浮かぶかもしれませんが，他動詞benefitを使えば短く表現できます。なお，benefitには自動詞「（～から）恩恵を得る」の用法もあるため，主語を変更して，

Both workers and organizations can benefit from teleworking that saves time and money.（SV）

のようにして同じ内容を表現することもできます。文書内での主語の都合に応じて使い分けます。

CTスキャナーは，回転するX線管と複数の検出器により，種々の体内組織からのX線の減衰を測定する。
○ A computed tomography（CT）scanner **measures** X-ray attenuation from different tissues within the body with a rotating X-ray tube and detectors.
○ A computed tomography（CT）scanner **uses** a rotating X-ray tube and detectors to measure X-ray attenuation from different tissues within the body.

手段を表す「～により」は，withなどを使って表すこともできますが，簡単な動詞use（使用する）も有効です。

人間活動によって，固形廃棄物や有害廃棄物，産業廃棄物，農業廃棄物，医療廃棄物などの各種廃棄物が生成される。廃棄物が出るということは，物質が効率的に利用できていないということである。
○ Human activities **generate** different types of waste, including solid waste, hazardous waste, industrial non-hazardous waste, agricultural waste, and medical waste. Waste generation can **represent** inefficient use of materials.

主語に「あらゆる人間活動」，動詞に「～を発生させる」を表すgenerateを使います。2つ目の文では，「廃棄物の生成は，物質の非効率的な利用を表している」と読みかえて，「主語」，「動詞」，「目的語」を並べます。

近い将来，言語の翻訳，車の運転，外科手術など多くの作業において，人工知能が人間の専門家を凌駕する可能性がある。
○ In the near future, artificial intelligence (AI) will **outperform** human experts in many tasks such as translating languages, driving vehicles, and conducting surgical procedures.

artificial intelligence (AI) will perform better than human expertsよりも短く表現できます。

【動詞の種類と文型】のまとめ

- 他動詞と自動詞，またbe動詞などの不完全自動詞の選択により，SV, SVC, SVOの3つの文型のうちどれを使うかが決まる。
- 他動詞のSVOを最大限に活用しつつ，自動詞のSVで動作を描写したり，be動詞のSVCで主語を定義や描写説明したりして，それぞれの型の利点を活かした英文を使い分ける。

More Teachings

表現の使用状況をインターネットで確認する

インターネット検索は英文ライティングに欠かせません。自分で思いついた表現に実際の使用例がないかもしれませんし，和英辞書や英和辞書に載っている表現だけでは多分野を網羅できない可能性もありますので，新しい表現を使うときには，慎重に裏をとるようにしています。引用符を使ったGoogle検索により，フレーズ単位での表現の使用状況を確認することが多く，PDFに絞った検索によって使用例を確認することもあります。他にもGoogle Ngram ViewerやYouGlishを使用して英単語の使用状況を確認しています。

■Googleのフレーズ検索・ファイル種別検索・アスタリスク検索でその表現の使用状況を確認

・引用符“ ”でフレーズを囲んでヒット数や文脈を確認する

（以下，ネット検索は2023年2月に実施）

例　“perform maintenance”（約3,810,000件）
　　“conduct maintenance”（約602,000件）
　　“implement maintenance”（約104,000件）

・加えて，filetype:pdfでPDFに絞って確認する

例　"perform maintenance” filetype:pdf（約267,000件）
　　“conduct maintenance” filetype:pdf（約37,000件）
　　“implement maintenance” filetype:pdf（約15,900件）

・引用符“ ”でフレーズを囲み，加えてPDFに絞り，さらにアスタリスクを使って，アスタリスクの箇所に何が入りやすいかを調べる（コロケーションの良好な動詞や前置詞を探したい場合）

例　“perform maintenance * the equipment” filetype:pdf

検索結果を上から順に以下に列挙します。

...the best time to perform maintenance **on** the equipment...

...allow adequate time for aircraft maintainers to perform maintenance **on** the equipment...

...equipment and labor to perform maintenance **on** the equipment under...

...perform maintenance **of** the equipment, or management system...

この先，前置詞onとofのヒット数をさらに“perform maintenance of the equipment” filetype:pdfと“perform maintenance on the equipment” filetype:pdfで調べて検討してもよいでしょう。

■Google Ngram Viewer（https://books.google.com/ngrams）でヒット数を比較

迷った用語どうしを，Google Booksの収録データから年代別に用語のヒット数でグラフ比較してくれる優良なサイト。例えば「データセット」の英語を「data set」「dataset」で迷った際に，data set,datasetとコンマで区切って検索窓に入れると次のような結果が出ます。昨今は一語のdatasetも使えるようになったことがわかります。

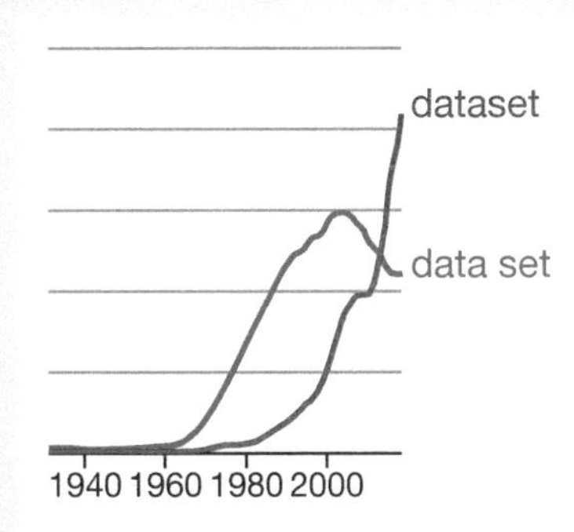

■動画抽出サイトYouGlish（https://youglish.com/）で単語の使われ方や使われる文脈を耳と目で確認

単語を入力して検索すると，その単語を含む動画を抽出してくれる優良なサイト。本来は発音を練習するためのサイトですが，技術的な単語も比較的良好に結果が出るため，さまざまな利用方法が考えられます。単語の意味を深く理解するためにわからない技術用語の説明を探したり，英単語の実際の使われ方を多くの例で確認したりするのがおすすめです。単語の意味が辞書やネット検索でもつかみ切れず，ネイティブに尋ねたいときなどに，実際の使われ方から英単語やフレーズの意味を伺い知ることができて便利です。

例えば，「試料」を表すsampleとspecimenの違いは何かと迷った場合に，複数の動画から，sampleは「典型例から少量を取り出したもの」，specimen

は「species，つまり種を代表したもの」という違いが把握できます。また，「凹み」を表すconcave, indentation, dentの単語の意味がはっきり理解できないような場合にも，複数の動画を見ることで，実際の使われ方から単語の意味を伺い知ることができます。

concaveは凸部を表すconvexとの裏表の関係になっているような形状で，代表例は凹レンズの形状です。indentationはいくつかの動画から，点のような形状にも溝のような細長い形状にもなりえることがわかりました。dentは車の凹みが代表例ですが，構造物の凹みだけでなく，例えば売り上げの下落などの抽象的な場面の動画も多く見られました。

第3章

無生物主語

日本語と英語の大きな違いの1つとして，無生物主語の使用頻度の違いがあげられます。英語だと，device（機器）といった物以外に，disconnecting（切断すること）といった動作，a delay（遅延）といった現象，the global nature（グローバルな性質）といった概念などが頻繁に主語として使用されますが，日本語では，述語が他動詞だと，「切断することは」，「遅延は」，「グローバルな性質は」という無生物の主語が不自然に響くことが少なくありません。

本章では，上記のような違いを考慮して，無生物主語の英文を自然な和文に移し替える方法を詳しく説明した後に，その裏返しとして，英語の無生物主語を活かせる状況と無生物主語の立て方を説明します。

第1項　「論理」を表す副詞句への変換

英文には主語が必要ですが，和文では主語が省略されることが少なくありません。また，英文の主語が，和訳文でも必ず主語になるというわけでもありません。本章では，「英文を和訳するときに主語を変える」処理のことを「主語の変換」と称します。

「主語の変換」は，あらゆる英文に適用できるわけではありません。例えば

Current CPUs process 32 or 64 bits of data per operation.

という文は，「現在のCPUは，1回の演算で32ビットまたは64ビットのデータを処理します」と訳せばよいわけで，主語を変換する必要がありません。主語の変換が機能しやすい英文は，動作や状態，概念，場所といった無生物を主語とし，他動詞を用いた文です。一例として，動作を主語とする英文をあげます。

Running a simple blood test can determine whether or not you are infected with hepatitis B.

このような文を，「簡単な血液検査を実施することは，…」と訳せることは多くありません。主語と動詞の関係性を，動詞の意味や時制に基づいて次の4つの中から判断し，副詞句に変換します。

（1）手段「～により」，「～によって」
（2）原因・理由「～により」，「～したために」，「～が原因で」
（3）仮定・条件「～すれば」，「～した場合には」
（4）目的「～するためには」

「手段」や「原因」など，上記の言葉で表される関係性を，本章では「論理」と呼びます。以下，それぞれの論理について，判断のしかたと訳し方を説明します。

1.1　手段

> Running a simple blood test can determine whether you are infected with hepatitis B.
> × 簡単な血液検査を実施すること**は**,（あなたが）B型肝炎に感染しているかどうかを判断することができます。

とても不自然に感じられるはずです。この訳文を改善するには，動詞に注目します。ここではcanが使われており，何かが可能であることを表しています。ものごとが可能になるためには何らかの手段が必要であり，本例では，主語であるRunning a simple blood testがまさにその手段に相当します。

日本語では手段を表すとき,「～により」や「～によって」といった言葉を使うので，次のように書きかえることができます。

> ○ 簡単な血液検査を実施すること**により**,（あなたが）B型肝炎に感染しているかどうかを判断することができます。

英文の主語が,「～により」という言葉によって副詞句に変換されました。これが典型的な主語の変換パターンです。

この例文では，canの存在から，主語情報が手段を表していると判断していますが，enable，allow，improve，achieve，enhance，helpなど,「実現」や「改善」,「向上」といったポジティブな意味を直接的・間接的に表す動詞が使われている文は，おおむね同様の処理が可能です。

なお，本例ではrunningという動名詞が主語に使われていますが，主語が動名詞の場合に限って主語の変換が必要というわけではなく，無生物であれば，普通名詞であっても同様の変換が必要となることがあります。

> **The simple and intuitive interface design** allows users to easily navigate in the app and find the information they want.
> △ **シンプルで直感的なインターフェイス設計は**，ユーザーがアプリ内を容易にナビゲートし，必要な情報を簡単に見つけることを可能にします。

やはり少しぎこちない文です。allowは「許可」を表す動詞ですが，本例のような無生物主語の文では，「可能にする」という意味で使われることがあります。したがって，The simple and intuitive interface designという主語は手段を表すと判断できますから，前の例文と同じように処理してみましょう。

○ シンプルで直感的なインターフェイス設計**により**，ユーザーはアプリ内を容易にナビゲートし，必要な情報を簡単に見つけることができます。

この文では，「ユーザー」という主語が明示されています。主語の変換が適用された和訳文では，英文の目的語が主語になるのが一般的です。

1.2　原因・理由

次の文も，動名詞を主語にしたSVO型の文です。

Installing multiple antivirus software packages caused conflicts on your system.

主語であるInstalling multiple antivirus software packagesをそのまま主語として使って訳そうとすると，次に示すとおり，やはりぎこちない訳文になります。

× 複数のウイルス対策ソフトをインストールしたこと**が**，システムに競合を引き起こした。

「引き起こす」や「もたらす」を意味するcauseは，allowやimproveとは対照的に，ネガティブな結果を述べる場合に使われることの多い動詞です。結果が述べられている以上，何らかの原因があるはずで，この例文では，英文の主語で表された情報がまさにその原因に該当します。一瞥すれば原因であるとわかるような表現に変換しましょう。

○ 複数のウイルス対策ソフトをインストールしたこと**により**，システムに競合が発生した。

主語の変換によって「競合」が主語になり，それに合わせて動詞も変える必要があるわけですが，このときに，他動詞である「引き起こす」を「引き起こされた」のような受動態へと安易に変換するのではなく，同じ意味を表す自動詞を探

してみてください。ここでは「発生した」を使いましたが，「生じた」でもよいでしょう。日本語の技術文書を読んでいると，「熱を発生する」のような表現を頻繁に見かけますが，「発生する」は自動詞なので，「熱が発生する」または「発熱する」が正しく，他動詞を使うのであれば，「熱を生成する」がよいでしょう。

改訳を読んだ時点で気づいた方もいると思いますが，「～により」という表現は，手段を表すときにも原因を表すときにも使える便利な表現です。そのためつい多用しがちですが，原因を表す表現は，手段を表す表現よりも豊富なので，テクニカルライティングにおいては，手段を表すときに限って「～により」を使うようにし，原因や理由は別の言葉で表すとよいでしょう。

上記の和文をさらに改善します。

> ◎ 複数のウイルス対策ソフトをインストールした // **ために / ことが原因で** //，システムに競合が発生した。

なお，上記例文ではinstallingという動名詞が主語に使われていますが，これまでの説明と同様，主語が動名詞である場合に限って主語の変換が必要というわけではなく，無生物であれば，普通名詞であっても同様の変換が必要となる場合があります。

> A slight deformation on the flange surface caused a significant leakage.
> × フランジ面におけるわずかな変形**が**，大きな漏れを引き起こした。

やはりぎこちないので，これまでと同じように主語を変換します。

> ○ フランジ面におけるわずかな変形 // **が原因で / のために** //，大きな漏れが生じた。

結果を表す文は過去形であることが多いので，主節動詞の時制も，主語を変換する際の手がかりになります。

1.3 仮定・条件

次に紹介するのは，主語を「仮定」や「条件」を表す副詞句にいいかえるパターンです。

Properly maintaining your air conditioner **will reduce** energy usage by 15 to 40%.
× エアコンをきちんとメンテナンスすることは，エネルギー使用量を15～40%減らします。

この例文のように，主節動詞が未来形であれば，主語の内容は「仮定」や「条件」を表すことが多いでしょう。頭の中でIf you ... と変換してください。あとはこれまでに述べた変換プロセスを適用して，次のように変換します。

○ エアコンをきちんとメンテナンス**すれば**，エネルギー使用量が15～40%減ります。

繰り返しになりますが，主語が動名詞の場合に限って主語の変換が必要というわけではなく，無生物であれば，普通名詞であっても同様の変換が必要となる場合があります。

Only a slight delay in decision making will miss a sales opportunity and lose revenue.

delayを動詞として活かし，頭の中でIf you delay ... only slightly と変換します。

○ 意思決定が少し遅れるだけ**でも**，販売機会を逸し，収益を失います。

なお，この変換パターンは現在時制であっても適用できる場合があります。先述の例を少し変形させて現在時制にした次の文で検証してみましょう。

Only a slight deformation on the flange surface **can cause** a significant leakage.
○ フランジ面がわずかに変形している**だけでも**，大きな漏れ**が**生じる場合があります。

先述のとおり，causeは結果を述べる動詞ですから，主語が「原因」を表すものと解釈して，次のように訳すことも可能です。

○ フランジ面におけるほんのわずかな変形**が原因で**，大きな漏れが生じる場合があります。

つまり，「仮定・条件」と「原因・理由」の区別は曖昧であり，どちらでもよい場合もあります。文脈を見て最終的な判断を下してください。

1.4 目的

ここまで，SVO型の英文に対し，主語を「手段・方法」，「仮定・条件」，そして「原因・理由」と判断して主語を変換するパターンを紹介してきました。この3パターンほど出現頻度は高くありませんが，主語が「目的」を表すこともあります。

Disconnecting the battery from the control module requires a #1 or #2 phillip's screw driver.
× コントロールモジュールからバッテリーの接続を**外すことは**，1番または2番のプラスドライバーを必要とします。

やはりぎこちない響きが感じられます。目的を表す場合の典型的な言い回しである「～するために」を使って主語を変換しましょう。

○ コントロールモジュールからバッテリーの接続を**外すためには**，1番または2番のプラスドライバーが必要です。

簡潔に「外すには」としてもよいでしょう。「目的」への変換パターンが適用される動詞としては，例文で用いたrequireが最も一般的ですが，costやnecessitateといった動詞に対しても有効ですし，次に示すとおり，動名詞以外の無生物主語の文に対してこの変換パターンが適用できることもあります。

As of May 2023, **installation** of a rooftop solar system **costs** an average of $20,000.
○ 2023年5月現在，屋上用太陽光発電システムの設置には，平均20,000ドルの費用がかかります。

【主語から「論理」を表す副詞句への変換】のまとめ

- 無生物主語の英文で，「可能」や「実現」を表す主節動詞が使われていたら，主語を「～によって」などと訳せることが多い。
- 無生物主語の英文で，causeなど「結果」を導く主節動詞が使われていたら，主語を「～が原因で」などと訳せることが多い。
- 無生物主語の英文で，主節動詞が未来形なら，主語を「～すれば」などと訳せることが多い。
- 無生物主語の英文で，「必要」を表す主節動詞が使われていたら，主語を「～するためには」と訳せることが多い。

第2項　「場所」「例示」を表す副詞句への変換

haveなど，「所有」や「包含」，「含有」といった概念を表す他動詞が使われている文の主語は，その多くが「場所」や「入れ物」です。これらの主語についても，「～は」と訳すことがほとんどなく，動詞をヒントに，次の2つの形に変換できます。

(1) 場所「～では」，「～に（おいて）は」

(2) 例示「～としては」

2.1　場所

Devices that are connected to the internet each **have** a unique IP address.

△ インターネットに接続された機器**は**，それぞれが一意のIPアドレス**をもっています。**

この訳文は，第1項で紹介した直訳調の文と比べるとそれほど違和感がありませんが，主語を変換するという選択肢ももっておいたほうがよいでしょう。主語を「場所」と認識し，「～は」を「～には」に変換します。

○ インターネットに接続された機器**には**，それぞれに一意のIPアドレス**があります。**

この変換パターンがhaveと同じくらいの高頻度で適用されるもう1つの動詞がcontainです。

The AppData folder **contains** app settings, files, and data specific to the apps on your PC.
△ AppDataフォルダ**は**，（あなたの）パソコンにインストールされているアプリに固有の設定，ファイル，およびデータ**を含んでいます。**

「フォルダは」と「含んでいる」というコロケーション（言葉の組み合わせ）は，やはり不自然です。haveの場合と同じく，「～には」への変換が有効です。

○ AppDataフォルダ**には**，パソコンにインストールされているアプリに固有の設定，ファイル，およびデータ**があります。**

containは，上記の「ある」以外に，「入っている」，「含まれている」，「格納されている」，「収録されている」，「記憶されている」，「保存されている」など，文脈に応じてさまざまな動詞にいいかえられます。ただし，文脈や分野によっては，主語の変換が不要な場合もあります。

The exhaust gas from gasoline engines contains a large amount of harmful substances.
○ ガソリンエンジンからの排気ガス**には**，多量の有害物質が含まれている。
○ ガソリンエンジンからの排気ガス**は**，多量の有害物質を // 含んで / 含有して // いる。

2.2 例示

続いて紹介するのは，includeを用いて具体例が列記された文です。

Risks associated with corticosteroid medication **include** high blood pressure, high blood sugar, poor growth, and cataracts.
△ 副腎皮質ホルモン療法に伴うリスク**は**，高血圧，高血糖，成長不良，白内障**を含みます。**

契約書や特許文書など，一部の文書ではこの類の直訳もかなり見られますが，個人的には少し違和感があります。containの主語が，容器のような物理的な入れ物を連想させるのに対し，includeの主語は，この例文に示すとおり，具体例を包括する上位概念語など，観念的な包含関係を表します。

○ 副腎皮質ホルモン療法に伴うリスク**としては**，高血圧，高血糖，成長不良，白内障**などが // あり / あげられ // ます。**

ちなみに，例示目的で使用されているincludeは，すべての例を網羅するわけではなく，具体例がほかにも存在し得ることを示唆しています。そのため，和訳時には，上記のとおり，「～など」を加えるのがよいでしょう。

【「場所」「例示」を表す副詞句に主語を変換する】のまとめ

- haveやcontainが使われている英文の主語は場所を表し，和訳すると，「～では」，「～においては」となる。
- includeが使われている英文の主語は具体例の包括語であり，和訳すると「～としては」となる。

More Teachings 

nominalize（名詞化）はメリットのみにあらず

「屋上太陽光発電システムを設置するには，2023年5月の時点で平均2万ドルの費用がかかります」という一文を英語で表すには，形式主語のitを用いるのが1つの方法です。

As of May 2023, it costs an average of $20,000 to install a rooftop solar system.

しかし，installという動詞を名詞化して主語にした無生物主語の文のほうが，コンパクトで力強さがあります。

As of May 2023, **installing** a rooftop solar system costs an average of $20,000.

この文は，本節で説明したとおり，installingをinstallationに変えて次のように表現することも可能です。

As of May 2023, **installation of** a rooftop solar system costs an average of $20,000.

しかし，表現が異なる以上，何らかの違いはあるはずだと思い，英国出身の知人に訊いてみました。知人の説明によりますと，書き言葉としてはどちらも問題なく，意味も同じですが，友人どうしの会話の中だと，下の文はやや堅苦しく，状況によっては相手に少し尊大な印象を与えてしまうおそれがあるのだそうです。おそらく，日本語で「～の設置には」と「～を取り付けるには」が生み出すニュアンスの違いとおおむね同じなのでしょう。見方を変えれば，2通りの名詞化により，わずかなニュアンスの違いを生み出せるということになります。

その一方で，デメリットもあります。

Rotation of the crankshaft opens an intake valve and in turn lowers a piston.

rotationの派生元であるrotateは，自動詞でも他動詞でもあるので，rotation of the crankshaftという表現には，「クランクシャフト**が回る**」と，「クランクシャフト**を回す**」という2通りの解釈が存在します。しかし，rotationは名詞なので，この文は次のように訳されることがほとんどでしょう。

クランクシャフト**の回転**により，吸気バルブが開いてピストンが下がります。

つまり，文意を曖昧にしてしまうのです。この訳文は，原文がもつ曖昧性をそのまま引き継いでおり，そういう意味で原文に忠実な訳文ではありますが，翻訳者として果たしてそれでよいのだろうかという疑問は，未だ解消していません。

ただ，読者の皆さんが英文を書くときに「クランクシャフト**を回す**」という意味だと明確に認識しているのであれば，

// **Rotating / Turning** // the crankshaft opens an intake valve and in turn lowers a piston.

と書くことで，自身の認識を明確に伝えられるでしょう。

3.2節　無生物主語で簡潔に表現する　英語

英語では，無生物を主語にすることが多く，特に技術文書では，物や現象について説明するため，無生物主語の割合がさらに高まります。無生物のなかでも，動作や現象を主語にすることで，情報を簡潔に伝えられる場合があります。本章では，動作や現象を主語にしてSVOの構文で因果関係を表す方法に加え，物や場所を主語にして「いる・ある」という存在を表す例も合わせて紹介します。

第1項　動作・現象の主語

英文の主語になるべき名詞が元の和文に見つかりにくい場合は，無生物主語を和文から導き出します。具体的には，日本語の文頭に配置され，「手段」，「理由」，「仮定」，「目的」を表す句です。主語が決まったら，具体的な動作を表す他動詞を続けて平易な文を組み立てます。

1.1　手段「〜により，〜によって，〜で」

手段を表す「〜により，〜によって，〜で」という一節は，by ___ingという形にして文中で使うのではなく，その動作を主語にします。

> F5キーを押すことにより，ウィンドウをリフレッシュまたは再読み込みできる。
> ○ **Pressing the F5 key** will refresh or reload the window.

「F5キーを押すこと」という動作を主語にすることで，短く表現できます。「人」を主語にした

You can refresh or reload the window by pressing the F5 key.

よりも簡潔であることに加え，

The window can be refreshed or reloaded by pressing the F5 key.

のような受動態を避けることができます。

> 薬局業務の自動化によって充填ミスが減り，ひいては患者の安全性が高まる。
> ○ **Pharmacy automation will** reduce filling errors and thus increase patient safety.

「薬局業務の自動化」という行為を主語にすることで，

The filling errors will be reduced by pharmacy automation, thus increasing patient safety.

などと視点がばらつくことを防ぎ，簡潔に表現することができます。

専用アプリによって，列車の予約を容易に変更することができる。 ○ **The dedicated app** allows us to easily change booked train tickets.

allow（～を可能にする）は，「allow［人・物］to do」という形で無生物主語と相性が良い動詞です。無生物である「アプリ」を主語にすることにより，「人」を主語にした

We can easily change booked train tickets by using the dedicated app.

よりも短く表せます。

1.2　原因・理由「～のために」「～したために」

原因や理由を表す「～のために」，「～したために」など，日本語で文頭に出ている句は，becauseやdue toを使わずに英文の主語に使うことができます。

人工知能が発達したことにより，私たちの職場や日常生活は根本的に変わろうとしている。 ○ The development of artificial intelligence is fundamentally changing our workplace and everyday life.

Because of the development of artificial intelligence, our workplace and everyday life are fundamentally changing.

よりも短く表せます。

運転中のメール操作など，危険行為を原因とする車の事故が多発している。 ○ **Dangerous behavior** during driving, such as texting while driving, causes many car accidents.

Many car accidents occur due to dangerous behavior during driving, such as texting while driving.

では，due toで文が長くなってしまいます。なお，以下のように簡潔な文であれ

ば，SVOと同様に良好です。

○ **Many car accidents** result from dangerous behavior during driving, such as texting while driving.

猛暑と少雨が原因で，農地の池が干上がってしまった。
○ **Extreme heat and little rain** have caused farm ponds to dry up.

cause（～を引き起こす）は，「cause［人・物］to do」という形で無生物主語と相性の良い動詞です。

パスワードを何度か誤って入力したために，ユーザーはWebサイトにログインできなくなった。
○ Entering a wrong password several times has disabled the user from logging into the website.

disable（～を不能にする）は，「disable［人・物］from doing」という形で無生物主語と相性の良い動詞です。

次の文のように「人」を主語にすると，主語と動詞が2セット登場する複文となり，全体が長いのが欠点です。動作を主語にすることで，単文にすることができます。

Because he or she entered a wrong password several times, the user could no longer log into the website.

因果関係を表す無生物主語の文の時制

ここまでの説明の中で紹介してきた無生物主語・SVO・能動態では，「現在形」，「現在完了形」，そして「willを使った未来の表現」という3つの時制を使いました。現在形を使った

Entering a wrong password several times disables a user from logging into the website.

は，条件に応じて常に起こり得ることを表しています。現在完了形を使った

Extreme heat and little rain have caused farm ponds to dry up.

は，行為や現象によって「ため池が干上がる」という現象が起こったこと，そし

てその現象が現在も影響を与えていることを表しています。

willを使った次の表現は，willを使って時間のずれを出すことで，「～をすれば」という仮定が強調されています。

Pressing the F5 key will refresh or reload the window.

1.3 仮定・条件「～すれば」「～した場合には」

日本語では，仮定や条件を表すのに，「～すれば」，「～した場合には」という形のいわゆる複文構造を使います。一方，英語では，whenやifを使った複文構造以外に，無生物主語を使ったSVOの単文で仮定を表すことができます。単文で仮定を表す場合には，主語に定冠詞theを使いません。不定冠詞や無冠詞で主語を表すことで，「そこにはないもの」というニュアンスが出て，「～したとすれば」という仮定の意味が生じます（p.32参照）。

> 気温が上昇すれば，空調用の電力需要が増える。
> ○ Higher temperatures increase the power demand for air conditioning.

これにより，次のような文よりも短く表現できます。

If temperature increases, the power demand for air conditioning increases.

> 可燃性のバイオマスを減らしたとしても，山火事は決してなくならない。
> ○ Reducing burnable biomass never eliminates wildfires.

これにより，次のような複文構造を避けることができます。

Even if we reduce burnable biomass, we never eliminate wildfires.

> 構文エラーがあれば，プログラムが実行できなくなる。
> ○ A syntax error will stop the program from running.

これにより，次の文よりも短く表現できます。

If you make a syntax error, the program will be stopped from running.

「仮定」を強めるsimply/alone/any/a single

無生物主語・能動態による仮定表現では，主語を不特定にすることでifやwhenのニュアンスを出しますが，仮定，つまりifのニュアンスを強めたい場合には，主語が不特定であることを強調します。その方法として，主語が動作の場合にはsimply（～するだけ）やalone（～だけ）を加え，主語が物の名称である名詞の場合にはany（いかなる～も）やa single（1つあるだけでも）を足します。先述の例文を使って，仮定のニュアンスを強めてみましょう。

Simply reducing burnable biomass never eliminates wildfires.
Reducing burnable biomass **alone** never eliminates wildfires.

Any syntax error will stop the program from running.
A single syntax error will stop the program from running.

1.4 目的「～するために」

「～するために」など，目的が述べられていると，文頭にto不定詞を使いたくなるかもしれません。しかし，その目的動作を主語にすることで，短く表現できます。主語を決めたら，内容に合う他動詞を探します。「～するためには～が必要・重要」という文脈ではrequireやinvolveが使えます。

> 世界の二酸化炭素排出量を削減するためには，各産業分野におけるエネルギーの効率的利用が必須である。
> ○ Reducing global carbon emissions requires more efficient energy use in the industrial sectors.

人の主語を使った文，

To reduce global carbon emissions, we must use energy more efficiently in the industrial sectors.

も可能ですが，無生物主語を選択することで，主語から文を開始できます。

> 効果的な教育カリキュラムを開発するためには，教員が分野の垣根を越えて連携し合う必要がある。
> ○ Developing an effective educational curriculum involves interdisciplinary cooperation of instructors.

人の主語を使った文，

To develop an effective educational curriculum, instructors from different

disciplines must cooperate with one another.
も可能ですが，主語から文を開始できる無生物主語のほうが簡潔に表現できます。

世界的な課題である気候変動に取り組むためには，国境を越えたデータの共有が必須である。
○ The global nature of climate change necessitates sharing of relevant data across national borders.

無生物主語を使ったSVO，能動態により，
Because of the global nature of the climate change, relevant data must be shared across national borders.
のように長くなることを防げます。

交渉を成功させるためには，両当事者による妥協が重要となる。
○ A successful negotiation requires compromise from both parties.

これにより，次のような文よりも簡潔に表現できます。
To make the negotiation successful, both parties must find a compromise.

【動作・現象の主語】まとめ
- 手段「～により」，「～によって」，原因・理由「～により」，「～したために」，「～したことが原因で」，仮定・条件「～すれば」，「～するだけでも」目的「～するためには」を主語にする。
- 動詞には平易で具体的な他動詞を使う。

第2項　場所・属性や所属・例示を表す動詞

「(場所に）～がある」という内容で「場所」を明示する際に，無生物である「場所」そのものを主語にすることができます。場所の主語に続けて動詞haveやcontainを使えば，文を主語で開始できないthere is/are構文を回避することができます。動詞haveは主語を選ばず，広く使えて便利です。

また，「～などがある」と具体例をあげる内容を英語で表そうとすると，文頭にFor example, などを使いがちですが，このような状況でも，具体例を包括す

る単語や「複数例」を表すexamplesを無生物主語として用い，動詞include（～を含む）を続けることで，簡潔に表現できます。

2.1 場所「～には～がある・いる」に動詞have/contain

人気のコンテンツ配信サービスである『ネットプラットフォーム』には，全世界で現在2億900万人の加入者がいる。
○ Net-platform, the popular content platform, now **has** 209 million subscribers around the world.

haveは「側（そば）にある」という意味から，「属している」という状態を表します。

弊社ウェブサイトには，第三者が運営する他のウェブサイトへのリンク情報を掲載しています。
○ Our website **contains** links to other websites that are operated by third parties.

動詞containは，内包していることを表します。

2.2 属性「～がある」に動詞have

皮膚の隆起には，肌と同じ色のものと，異なる色のものがある。
○ Skin bumps can **have** the same color as your skin or a different color.

大半の生物に，温度，水速，酸素飽和度など特定の生息条件がある。
○ Most organisms **have** specific habitual requirements, including temperature, water velocity, and oxygen saturation.

動詞haveを使って主語の性質や属性を表すことができます。

2.3 例示「〜としては〜がある・あげられる」や所属に動詞include

低血圧の原因として，不健康な食事，不規則な食生活，強いストレス，鉄分などの栄養素の不足などがあげられる。
○ The causes of low blood pressure **include** an unhealthy diet, irregular eating habits, high stress, and a lack of nutrients such as iron.

includeは基本的に，「所属しているが外に存在している」，「一部である」，「一例である」ことを表します。

Xs include A and B.（複数のXはAとBを含む）→ AとBがXの例としてあげられている

X includes A and B. → AとBがXの一部

いずれの場合にも，XまたはXsには，AとB以外のものも存在していることが示唆されます。

スマートフォンには，SNSアプリや健康管理機能が購入時に備わっている。
○ A smartphone includes preinstalled social networking applications and health monitoring capabilities.

主語の一部として備わっていることが表されます。

【場所・属性や所属・例示を表す動詞】のまとめ
- 無生物を主語にして，haveやcontainで所属や属性を表せる。
- 動詞includeで例示「〜としては〜（など）がある・あげられる」が表せる。

More Teachings

無生物主語のSVC

動作や現象を表す無生物主語を使ったSVCは，be動詞やremainの後に文意に沿った効果的な名詞や形容詞を配置することで，主語が何ものであるかを定義したり，さまざまな状況を伝えたりすることができます。

この構文の利点は，be動詞の「～である」という描写的な特徴から，無生物主語をその文の主題として強調できることです。また，「～である」という意味の現在時制に加えて，「過去から現在まで～であった」という意味の現在完了形時制も効果的に使うことができます。

SVOの型と比較すると語数は増えますが，SVOとSVCいずれの型でも表せるようにしておき，前後の文脈や強調したい部分に合わせて戦略的に表現を選択するとよいでしょう。

■毎日の天気の変化を正確に予測するためには，気候変動の原理を理解することが，今も変わらず重要である。
Understanding the mechanism of climate change **has been the key** to precisely forecasting day-to-day weather changes.

has been the keyの代わりにremains crucialも可能。

Precisely forecasting day-to-day weather changes **involves** understanding the mechanism of climate change.（SVOの場合）

■持続可能な開発に関する要件に従うことがビジネス界で**重要視されている**。
Complying with the requirements of sustainabile development **is a high priority** for the business community.

名詞a high priority（優先事項）を活用して「重要視されている」を表します。「持続可能な開発に関する要件に従うこと」を主題として強調できます。

The business community **requires** compliance with the requirements of sustainabile development.（SVOの場合）

■地球の気候モデルの構築は，依然として非常に複雑な作業である。
Modelling the Earth's climate **remains an incredibly complex task.**

remains an incredibly complex taskの代わりにremains incredibly challengingやintricateも可能。

Modelling the Earth's climate **will take** incredibly complex procedures.（SVOの場合）

will takeの代わりにtakesやinvolvesも可能。

第 4 章

品詞の活用方法

日本語は，文が変わると主語も変わることが多く，バリエーション豊かな主語が許容されるのに対し，英語は話題の中心を主語にし，同じ段落であれば後続文でも同じ主語を使うことが少なくありません。そのため，「iPadの特徴は」という主語が，The feature of iPad is ...と表現されることは少なく，iPad features ...のような書き出しのほうが一般に好まれます。

このような判断を支えるのが，「品詞の変換」です。上記の「特徴」と「feature」の関係のように，日本語では名詞として使われている単語を，自然な英語にするために動詞に変換したり，逆に，英語で形容詞として使われている単語を，自然な日本語にするために名詞に変換したりします。

本章では，日英間での効果的な品詞の変換方法と，英文における形容詞や副詞の効果的な活用方法について説明します。

「意味はわかるが，なんとなく不自然でぎこちない」。日本語に翻訳された文章を読んで，残念ながら多くの人が抱く印象でしょう。その原因の1つが，英文における名詞句を，名詞句のまま単語だけ日本語に移し替えるといった硬直的な品詞の取り扱いです。英語と日本語では，それぞれの品詞が使われる割合が異なりますし，英語では名詞であっても，日本語では動詞として使われることの多い単語もあります。そこで本節では，英文を自然な和文に移し替えるのに必要な品詞変換技法を紹介します。

第1項　動詞・補語から主語への変換

属性情報から主語を立てる

第3章の第1項『「論理」を表す副詞句への変換』と第2項『「場所」,「例示」を表す副詞句への変換』で，動詞を手がかりにして英文の主語を和文で「副詞句に変換する」技法を紹介しました。本項では，英文の動詞や補語から「主語を立てる」技法を紹介します。

> The high-speed ferry **travels** up to 40 miles per hour and **carries** up to 65 passengers.
> △ この高速船は，1時間あたり最大40マイル**進み**，最大65人の乗客を**運びます。**

一見何も問題なさそうですが，日本語のネイティブ話者がこのような内容を書き起こそうとすれば，次のように表現するはずです。

> ○ この高速船の**最高時速**は40マイルで，**乗客の定員**は65名です。

この文では，船の性能が述べられています。このように，性能，性質，特徴など，何らかの「属性」が述べられている英文を和訳するときには，英文の文型を問わず，動詞以降の内容から属性情報を見つけ出し，その属性を主語にすることにより，「意味は正しいがなんとなく不自然」という状態から脱却することができます。前章で学習した主語の変換技法のような定型パターンはありませんが，主に動詞や補語がヒントとなります。上記の例文では，上限を表す「up to」という表現から，性能など，船の「属性」を述べていることに気づき，「最高時速」や「定員」という言葉を引き出します。40 miles per hourや65 passengersなど，数字を伴う語句の存在も，この変換技法が有効である可能性を示す大きな手がかりです。

この技法を理解することは，英語と日本語の間にある根本的なレトリックの違いを理解することにもつながります。その違いを明らかにするために，もう少し長い次の文章を見てみましょう。

The iPad is an iOS-based line of tablet computers designed and sold by Apple Inc. **The tablet device** boasts a sophisticated user interface, and includes Wi-Fi and cellular connectivity on some high-end models.

2文目の主語**The tablet device**は，最初の文の**The iPad**をいいかえただけで，実質的には同じ主語であることがわかります。このように，「その段落における主題を一貫して主語として用いる」というレトリックは，英語では極めて一般的なものですが，このレトリックに日本語を載せると，次に示すとおり，不自然な響きが生まれます。

△ iPadはiOSをベースとするタブレットコンピュータで，アップル社によって設計・販売されています。この**タブレット機器**は洗練されたユーザーインターフェイスを誇り，一部のハイエンドモデルはWi-Fiおよびセルラー通信機能を備えています。

この不自然を解消するのが，**動詞から主語への変換**です。日本語環境で生まれ育つと，母国語である日本語を外国語と比較して見ることがないので気づかないのですが，実は私たちは，日本語で文章を書くとき，無意識のうちに文ごとに主語を変えているのです。この例文は，boastsという動詞から，「特徴」や「強み」が述べられていることがわかるので，「特徴」を主語にして書きかえてみましょう。

○ iPadはiOSをベースとするタブレットコンピュータで，アップル社によって設計・販売されています。iPadの特徴はその洗練されたユーザーインターフェイスで，一部のハイエンドモデルはWi-Fiおよびセルラー通信機能を備えています。

先ほどよりも自然な響きが感じられます。しかし，第1章で述べた「は」と「が」についての知識を活かして意識的に主語を増やすと，さらに自然な和文になります。

◎ iPadはiOSをベースとするタブレットコンピュータで，アップル社**が**設計・販売を行っています。iPadの特徴はその洗練されたユーザーインターフェイスで，一部のハイエンドモデル**には**Wi-Fiおよびセルラー通信機能**が**備わっています。

この文から，日本語には，同じ主語が連続せず，主語が次々に変わるという性質があるということが確認できます。

属性を表す英文に対して主語を変換して和訳する例を，さらにいくつか紹介します。

The iPhone SE **measures** exactly the same as the iPhone 5 but **weighs** slightly differently.
△ iPhone SEは，iPhone 5とまったく同じサイズですが，微妙に異なる重さです。

「iPhone SEは,」とはじめるのではなく，measuresとweighsという動詞から，属性を表す言葉を主語として導き出してください。

○ iPhone SEの**サイズは**iPhone 5とまったく同じですが，**重さが**微妙に異なります。

The liquid film is 164 nm thick and has a refractive index of 1.60.
△ この液膜は164 nm厚であり，1.60という屈折率を有します。

前半は悪くありませんが，後半が稚拙です。「屈折率」は液膜の属性情報なので，「屈折率」をそのまま主語にしてみましょう。

○ この液膜の**厚さは**164 nmで，**屈折率は**1.60です。

先述のとおり，日本語ではバリエーション豊かな主語が許容されますが，英語では，「サイズ」や「重さ」，「厚さ」などの属性情報が主語になることが日本語ほど多くありません。ネイティブの英語話者が，The size of the iPhone SE is ... やThe weight of the iPhone 5 is ... のような英文を書くことはあまりなく，限られた文脈でのみ使用される英文であると肝に銘じましょう。

【動詞・補語から主語への変換】のまとめ

- 属性が述べられている英文は，動詞以降の情報から，「～のサイズは」や「～の特徴は」という具合に主語を導き出す。
- 属性情報を主語にしたThe weight of the device is ...のような英文は，あまり実用的でない。

第2項　分詞と形容詞

2.1　分詞から変換する

最初に見ていただくのは，動詞damage（傷つける）の過去分詞形が形容詞として使われている英文です。

This message appears due to **a damaged charging port on the smartphone**.

a damaged charging port on the smartphoneという名詞句を，名詞句のまま日本語に移し替えてみます。形容詞damagedのはたらきに注目してください。

△ このメッセージは，**破損したスマートフォンの充電ポート**が原因で表示されます。

よく目にする「なんとなく不自然でぎこちない」文のできあがりです。英文では「充電ポートが破損している」ことが明確なのに，この訳文はその点が不明瞭で，「スマートフォンが破損している」かのようにも感じられ，意味もわかりにくい悪文になってしまっています。

修飾関係を明瞭化するために，語順を変えてみます。

△ このメッセージは，**スマートフォンの破損した充電ポート**が原因で表示されます。

多少は明瞭になりましたが，「なんとなく不自然でぎこちない」状態は解消できていません。

では，どうしたらよいでしょう。実はその答えは，すでに述べられています。a damaged charging port on the smartphoneを名詞句として訳すという発想を捨て，次に示すとおり，「充電ポートが破損している」という節に変えるのです。つまり，過去分詞から動詞への品詞変換です。分詞は動詞の活用形ですから，元の動詞に変換することは難しくありません。

○ このメッセージは，**スマートフォンの充電ポートが破損 // している / した //** ことが原因で表示されます。

この「過去分詞＋名詞」という形に対しては，分詞を動詞化することに加え，分詞を名詞化するという方法もあります。

○ このメッセージは，**スマートフォンの充電ポートの破損**が原因で表示されます。

先ほどの訳文と比べると，少し簡潔で引き締まった印象を受けると思います。この2つの手法は，現在分詞に対しても有効です。次の文を例に考えてみましょう。

Magnesium prices are rising due to **a growing demand** for lighter materials for electric vehicles and batteries.

まずはa growing demandという名詞句を名詞句のまま訳してみます。

△ 電気自動車やバッテリー用の軽量素材に対する**増えている需要**により，マグネシウムの価格が上昇している。

やはりぎこちなく不自然なので，growingを動詞化して節に変換してみましょう。

○ 電気自動車やバッテリー用の軽量素材に対する**需要が増している**ために，マグネシウムの価格が上昇している。

動詞化によって，最初から日本語で思考し，書き起こしたときのような自然な響きが生まれると同時に，日本語が動詞を主体とした言語であることが改めて感じられると思います。「増している」の代わりに「高まっている」を使ってもよいでしょう。

次に，分詞を名詞化した場合を考えてみます。

○ 電気自動車やバッテリー用の軽量素材に対する**需要の増大**により，マグネシウムの価格が上昇している。

こちらも悪くありません。「増大」の代わりに「増加」を使うこともできますし，「需要増」という表現を案出できれば，さらに簡潔です。

ただし，名詞化すると，現在分詞が生来的に有する「進行中」というニュアンスが失われますので，文脈をよく吟味してください。最初から日本語で文章を書き起こす場合には，引き締まった格調高い文章を書きたければ「需要増」，目の前で事態が進行している臨場感を創出したければ「需要が増している」という具合に使い分けましょう。

2.2　形容詞から変換する

前項では「分詞＋名詞」という形を紹介しましたが，分詞の代わりに一般的な形容詞が使われている場合も，その形容詞によっては同様の処理が可能です。

Dye-sensitized solar cells are promising alternatives to conventional silicon-based photovoltaic devices owing to their **low manufacturing cost** and **high energy conversion efficiency**.

low manufacturing costとhigh energy conversion efficiencyという2つの名詞句を，まずは名詞句のまま訳してみます。

△ 色素増感太陽電池は，**低い製造コスト**と**高いエネルギー変換効率**のため，従来のシリコン光起電素子に代わる有望な選択肢である。

やはり，「意味はわかるが，なんとなく不自然でぎこちない」文です。そこで，前節で紹介した「節への変換」をこの文にも適用してみましょう。

○ 色素増感太陽電池は，**製造コストが低く**，**エネルギー変換効率が高い**ことから，従来のシリコン起電素子に代わる有望な選択肢である。

はるかに自然な文と感じられるはずです。lowとhighはそれぞれ，「低い」と「高い」のままでも問題ありませんが，「安い」と「良い」に変えるとさらに良いでしょう。

2.1で紹介したもう1つの技法である「分詞の名詞化」にならい，「形容詞の名詞化」も試してみましょう。

○ 色素増感太陽電池は，製造コストの**安さ**とエネルギー変換効率の**良さ**から，従来のシリコン起電素子に代わる有望な選択肢である。

有効であることが確認できました。high/low以外に，old/newやdeep/shallow，sharp/dullなども，文脈やコロケーションによっては，同様の処理が可能でしょう。

次に紹介するのは，形容詞の比較級です。比較級に対してもこの2つの技法が有効ですが，原級の場合とは少し異なる結果になります。

Online teaching certainly created **more opportunities** to use multimedia resources in class.

moreはmanyの比較級ですが，「より多くの」と直訳すると問題が生じます。

△ オンライン指導により，授業でマルチメディアリソースを使用するより多くの機会が確実に生み出された。

英文からは，opportunitiesが「マルチメディアリソースの使用機会」を意味することが明らかですが，訳文は文節の切れ目が曖昧で，「マルチメディアリソースを使用するより（も）｜多くの機会」と誤解されてしまうおそれがあります。

こんなときこそ品詞の変換の出番です。more opportunitiesという名詞句を，節に変えましょう。

○ オンライン指導により，授業でマルチメディアリソースを使用する**機会が**確実に**増えた**。

moreを動詞化したことにより，createが訳文から消えたものの，文節の切れ目が明瞭になり，格段に読みやすくなりました。比較級はこのように，変化を表す動詞に変換するのが得策です。同様の例をもう1つあげます。

Unskilled workers are becoming **less likely** to find and retain stable, well-paid jobs.

likelyは「～しそう」という意味ですが，比較級になると，扱いが難しくなります。

△ 非熟練労働者は，高賃金で安定した仕事に就き，その仕事を続けられ**そうになくなって**きている。

なかなか厄介な文ですが，本章の第1項「動詞・補語から主語への変換」で紹介した技法も組み合わせて，述語であるless likelyから主語を案出することによって対処できます。つまり，「～しそうにない」→「する**可能性が**低い」と発想するのです。この発想が困難であれば，『likelyは「可能性」と訳す』と覚えてしまって大丈夫です。そのうえで，変化を表す動詞に変換しましょう。

○ 非熟練労働者が高賃金で安定した仕事に就き，その仕事を続けられる**可能性は下がってきている**。

よくなりました。動詞への変換が有効な形容詞の比較級として，higher/lowerもぜひ覚えておいてください。

次に紹介するのは，比較級ではないものの，同様の処理が可能な形容詞です。

Two-step verification provides **additional** security against unauthorized access to your online account.

additionalも，形容詞として訳すことに固執するとぎこちなくなる傾向が見られます。

△ 2段階認証は，オンラインアカウントへの不正アクセスに対する**さらなる**セキュリティを提供します。

additionalは比較級のない形容詞ですが，動詞のaddから派生した単語なので，addに変換することによって自然な表現へと改善できます。

○ 2段階認証は，オンラインアカウントへの不正アクセスに対するセキュリティ**を高めます**。

additionalを動詞化して訳したため，providesは訳出不要となります。ここからさらに，「主語の変換」を適用してもよいでしょう。次のようになります。

○ 2段階認証により，オンラインアカウントへの不正アクセスに対するセキュリティ**が高まります**。

additionalの類義語であるfurtherについても，同じことがいえます。

Further examination is required to evaluate the significance of these observations.
△ これらの観察の意義を評価するには，**さらなる**調査が必要である。

「さらなる」という言葉は，additionalに対する訳語としてもよく使われますが，「更」という漢字は，「更地」や「まっさら」といった言葉が示すとおり，「新しい」または「何もない」というのが本来の意味であり，「付加的な」や「追加の」という意味はありません。そこで筆者は，物議を醸すおそれのある「さらなる」を使う代わりに，次のようにfurtherを副詞に変換しています。

◯ これらの観察の意義を評価するには，**さらに**調査する**必要がある**。

代替案として，furtherの修飾対応をずらした次のような表現も，文脈によっては可能でしょう。

◯ これらの観察の意義を評価するには，**さらに**調査が**必要である**。

【分詞と形容詞】のまとめ

- 英語の名詞句が大きく，直訳するとぎこちない日本語になる場合には，分詞や形容詞（△△）と名詞（○○）を切り離して「○○が△△する」という節にする。
- 切り離した分詞や形容詞を名詞化して「○○の△△」という形にすることもできる。

第3項　副詞と名詞の変換

3.1　副詞から変換する

英語の副詞は，文頭または文中に配置されるのが通例です。

Treatment for prostate cancer **often** involves drug therapy to lower testosterone levels.

しかし，英語と同じように副詞として処理することが，常に翻訳としての最適解とは限りません。

△ 前立腺がんの治療は，テストステロン値を下げるために，**しばしば**薬物療法を伴う。

筆者くらいの世代（1972年生まれ）ですと，often =「しばしば」という訳語の刷り込みが強いため，ついこのように訳してしまいがちですが，よく考えてみると，筆者は「しばしば」という言葉を，中学校や高校の英語の授業以外で使ったことがありません。

頻度を表す副詞は，文末に移して述語にすると，高確率で自然な和文になります。

○ 前立腺がんの治療は，テストステロン値を下げるために，薬物療法を伴う**ことが多い。**

「副詞の述語化」は非常に有効な和訳技法ですが，敬体（です・ます調）のときにはもうひと工夫が求められます。「多いです」という表現は，平明・簡素な形として認められてはいるものの，書き言葉として使うにはどうしても響きが幼稚だからです。

このような場面で有効なのは，否定形へのいいかえです。つまり，「多い」＝「少なくない」といいかえるのです。これなら敬体でも問題ありません。

○ 前立腺がんの治療は，テストステロン値を下げるために，薬物療法を伴う**ことが少なくありません。**

oftenの類義語であるfrequentlyに対してもまったく同じことがいえますし，rarelyやsometimesに関しても，それぞれ「～ことは稀である」や「～ことがある」という具合に同様の処理が可能です。

他の副詞についても考察してみましょう。頻度以外の意味を表す副詞も，述語化が有効であることが，実は少なくありません。

Generally, Landline-to-cell phone calls are more expensive than cell phone-to-cell phone calls.

このように文頭に置かれた副詞は，次に示すとおり，なんとなく文頭に置いて訳しがちです。

○ **一般に**，固定電話から携帯電話への通話は，携帯電話どうしの通話よりも料金が高い。

常体（である調）を使うのであればこれで問題ありませんが，敬体を使いたい

場合に少し困ります。「～より安くありません」のような「比較級＋否定形」は，響きが冗長であることに加え，コロケーションによっては，読み手を幻惑させることもあるからです（例：△価格は消費者により安くありません）。

そのため，頻度以外を表す副詞についても，述語化という選択肢はもっておいたほうがよいでしょう。敬体に変更した場合の訳例を次に示します。

> ○ 固定電話から携帯電話への通話は，携帯電話どうしの通話よりも料金が高いことが**一般的**です。

generallyの類義語であるcommonlyやtypicallyも同様に処理できますし，usuallyやnormallyでしたら，「～が通例である」という表現が広く使えるでしょう。

類例をもう1つ紹介します。

> **Preferably**, the fluid reservoir can be made compact in size and simplified in structure.
> △ **好適には**，流体リザーバを小型化し，構造を単純化することができる。

英語から翻訳された技術文書，特に特許関連文書にこのような文が散見されますが，個人的には違和感があり，筆者なら次のように書きかえます。

> ○ 流体リザーバを小型化し，構造を単純化できる**のが好ましい**。

同様の表現として，「理想的には（ideally）」や「望ましくは（desirably）」なども見かけますが，「～が理想的である」，「～が望ましい」という形で述語として使うほうが自然です。

本項の最後に紹介するのは，動詞から派生した副詞です。

Chinese researchers have **successfully** identified multiple highly potent neutralizing antibodies against SARS-CoV-2, the virus that causes COVID-19.

successfullyを副詞のままで訳すことは，筆者の経験上ほぼ不可能です。

△ 中国の研究者が，COVID-19の原因ウイルスであるSARS-CoV-2に対する複数の強力な中和抗体を**成功裏に**同定した。

「成功裏」の代わりに「首尾よく」や「上手いこと」などを入れてみても，やはりしっくりきません。successfullyは，派生元の動詞であるsucceedに変換して述語化する以外になさそうです。

○ 中国の研究者が，COVID-19の原因ウイルスであるSARS-CoV-2に対する複数の強力な中和抗体を同定する**ことに成功した**。

動詞から派生した副詞としては，ほかにundoubtedly（← doubt），reportedly（← report），apparently（← appear），seemingly（← seem）などがあり，いずれも同様の処理が可能です。

3.2　代名詞から変換する

一口に代名詞といっても色々ありますが，ここで取り上げるのは，all of ...「…のすべて」，most of ...「…のほとんど」，some of ...「…の一部」など，ofを伴い，特定の範囲や母集団における割合を表す代名詞です。

Most of the citizens of the region is engaged in agriculture or livestock farming.
△ その地域の住民の**大半**が，農業または畜産業に従事しています。

mostを代名詞として処理することに固執した結果，主語に「の」が連続して音律の悪い表現になってしまっています。そこで，mostを主語から追い出して主語を短縮してみましょう。

○ その地域の住民は，**大半が**農業または畜産業に従事しています。

「の」が減ったことにより，先ほどの訳文と比べて音律が改善し，さらに自然な和文に変わりました。

most ofに限らず，all of，some of，part of，a large proportion ofなどについ

ても同様の処理が有効で，all ofに関しては，次に示すとおり，ofを伴わずに形容詞として使われている場合でも同様の処理が可能です。

Use this list to check that **all** the necessary steps to apply for scholarship has been completed.
△ このリストを使って，奨学金を申請するための**すべての**必要な手順が完了したことを確認してください。

「奨学金を申請するための**すべての**必要な手順」という主語は，4つの文節からなる長い名詞句であることに加え，「の」が連続していて音律がよくありません。そこで，allを名詞句から追い出し，副詞化してcompletedと結びつけます。

○ このリストを使って，奨学金を申請するのに必要な手順が**すべて**完了したことを確認してください。

先ほど3文節で構成されていた名詞句が2文節に減ったうえ，「完了した」という文節に「すべて」という副詞が加わったことにより，文全体の音律とリズムが向上しています。英語は前置詞と関係詞の存在により，日本語よりも大きな名詞句が形成されやすい傾向があります。そのため，英語の名詞句をそのまま日本語に置きかえると違和感が生じがちですが，形容詞を副詞に変換することにより，日本語としての自然な響きを生み出すことができます。

文脈によっては，逆のパターン，つまり，英語の副詞句を日本語の主語に組み入れるという変換が有効なケースも稀にあります。

A partial eclipse is an astronomical event that occurs when the sun is **partially** covered by the Moon.

副詞であるpartiallyをそのまま和文に引き継ぐと，次のようになります。

△ 部分日食とは，太陽が**部分的に**月に覆われているときに生じる天文現象のことです。

この文が稚拙とまではいえませんが，ネイティブの日本語話者が日本語で書き起こせば，次のようになるはずです。

○ 部分日食とは，太陽の**一部**が月に覆われているときに生じる天文現象のことです。

【副詞と指示代名詞・指示形容詞の変換】のまとめ

- 頻度を表す副詞は，文中ではなく文末で訳す。
- most of，all of，part ofなど，全体に対する割合を表す代名詞は，副詞に変換して動詞と結びつけ，名詞句を小さくする。

More Teachings

形容詞potentialの恐るべきポテンシャル

potentialという形容詞をどう訳すか，和訳の経験者なら一度は悩んだことがあるでしょう。「潜在的な」という意味ですが，訳語として「潜在的」を使うと，文が少しぎこちない響きを帯びてしまいます。

A **potential** cause of malfunction is that the switch is not properly grounded.
△ 動作不良の**潜在的**原因は，スイッチが正しく接地されていないことです。

形容詞として処理したい場合には，「考えられる」が比較的有効です。

○ **考えられる**動作不良の原因は，スイッチが正しく接地されていないことです。
○ 動作不良の原因として**考えられる**のは，スイッチが正しく接地されていないことです。

本章で学習した品詞の変換も有効です。potentialを述語化してみましょう。

○ 動作不良の原因として，スイッチが正しく接地されていないことが**考えられます。**
○ 動作不良の原因は，スイッチが正しく接地されていない**ことかもしれません。**

ビジネス分野では，名詞化して「候補」と訳されることも少なくありません。

Any manufacturer will be a **potential** supplier for the next iPhone model if they meet certain quality standards.
△ 一定の品質基準を満たせば，どのメーカーでも次世代iPhoneの**潜在的**サプライヤとなります。
○ 一定の品質基準を満たせば，どのメーカーでも次世代iPhoneのサプライヤ**候補**となります。

potentialはこのように，形容詞でありながら，日本語の形容詞だけでなく，動詞や名詞にも対応するという優れた「ポテンシャル」をもっています。potentialを上手に活用して，英文ライティングにおけるあなたのポテンシャルも引き出してください。

4.2節　動詞を見つける，形容詞と副詞を活用する　英語

日本語と英語は，品詞が対応するわけではないので，日本語の品詞をそのまま引き継ぐことなく，英語の特徴を活かして新たに表現します。本節では，日本語の主語を成している名詞句から英文の動詞を導き出す例と，英語の形容詞および副詞を活用する方法を説明します。

第1項　名詞から見つける英語の動詞

動詞を活かして表現する

日本語では，特徴や性能，サイズなど，物の属性を述べる際に，「～のサイズは～である」という具合に，英文のbe動詞に相当する表現が多く使われます。この文を忠実に英語に変換すると，主語が大きくなり，読みづらい英文となってしまいます。動詞を活かして表現する特徴がある英語では，「概念的に上位の語」や「全体構造」を探して主語にすると，使える動詞が自然に見えてきます。長い日本語の主語から英文の主語と動詞を見つける練習をします。

> カメラの記録容量は32ギガバイトで，記録可能時間は10～12時間です。
> ○ The camera **can store** up to 32 gigabytes of data and **can record** for a duration of 10 to 12 hours.

「カメラの記憶容量」から主語「カメラ」と動詞「記憶する」を導き出します。「容量は32ギガバイトで」という一節から，上限を表すときに使用するup to（～まで）という表現を導きます。「記録可能時間」は名詞ですが，「記録」という語が動詞として使えます。

The storage capacity of the camera is 32 gigabytes, and the recording duration of the camera is 10 to 12 hours.

のような文よりも自然に表現できます。

なお，他動詞haveを使って次のように表すこともできます。

> ○ The camera has a storage capacity of 32 gigabytes and a recording duration of 10 to 12 hours.

この切削工具の特徴は，握りやすく，手が疲れにくい特殊デザインです。
○ The cutting tool **features** a special design for better grip and less hand fatigue.

「この切削工具の特徴」から，主語「切削工具」と動詞feature（～を特徴とする）を導き出します。次の文と比べると，上位の概念が主語であることにより，文が簡潔で引き締まっています。

The feature of the cutting tool is its special design for better grip and less hand fatigue.

制限外荷重許可を受けたトラックの最大積載量は50トンである。
○ Trucks with additional tonnage permits **can load** up to 50 tons.
（additional tonnage permits＝制限外荷重許可）

「トラックの最大積載量」から，主語「トラック」と動詞load（積む）を導き出します。be動詞を使った次の文

The maximum loading capacity of trucks with additional tonnage permits is 50 tons.

よりも主部と述部のバランスがよく，わかりやすく表現できています。

ヘリウム原子の重量は，水素原子の4倍である。
○ A helium atom **weighs** four times as much as a hydrogen atom.

「ヘリウム原子の重量は」から，先ほどと同じ考え方で「ヘリウム原子」を主語として導き出します。「重量」という名詞から，動詞weigh（～の重さがある）を導き出して英文を組み立てます。次の文と比べると，語数が少なく，英文としても洗練されています。

The weight of a helium atom is four times the weight of a hydrogen atom.

【名詞から見つける英語の動詞】のまとめ

- 日本語の主語に物の属性情報があれば，主語から英文の主語と動詞を導き出せることがある。

第2項　形容詞の活用

名詞の状態や性質を表す形容詞の主な使い方は2つあります。1つは，「～は～である」というSVCにおけるCの要素として主語の状態を描写すること（p.58参照），もう1つは，名詞の前に置いて説明を加えることです。本項では，主語の状態を表す形容詞，名詞を修飾する形容詞，加えて形容詞として働く分詞（現在分詞と過去分詞）について説明します。さらに応用として，形容詞を比較級にすることで表現の幅を広げる例を紹介します。これらを使いこなすことで，日本語に引きずられることなく，英語らしくいいかえた表現の選択ができます。

2.1　主語の状態を表す

日本語で「動詞」と「副詞」を使って表現されている箇所に英語では形容詞を使うことで，短く表すことができます。日本語の内容を端的に表す形容詞を見つけることができるかどうかが，SVCを使いこなす鍵になります。

> ユーザー体験というのは，人によって感じ方が異なるものだ。
> ○ User experience is **subjective**.

形容詞subjective（主観的な）を活用した簡単な描写文です。SVを使った文

User experience varies among individual users.

も悪くありませんが，SVCで形容詞を活かすことで短く表せます。

> 鉄欠乏性貧血が心不全患者に多く認められる。
> ○ Iron deficiency anemia is **common** in patients with heart failure.

形容詞common（一般的な）を使用した簡単な描写文です。動詞を使った文

Iron deficiency anemia is often found in patients with heart failure.

も可能ですが，1語で簡潔に表せる形容詞はおすすめです。

この___ is/are commonという表現は，次の例のように分野を問わず使用可能です。

Lithium-ion batteries are common in consumer electronics.

（リチウムイオン電池は，家電機器に広く利用されている）

緑色レーザーは，直射日光の下でも人の目で認識しやすい。
○ Green lasers are highly **visible** to human eyes under direct sunlight.

「人の目で認識しやすい」を，日本語と同じ品詞を使って表現すると，次のように受動態になってしまいます。

Green lasers can be easily viewed by human eyes under direct sunlight.

形容詞visible（見える）を使うことで短く表せます。形容詞visibleに対して副詞highlyを組み合わせることで「しやすい」を表せます（副詞についてはp.115参照）。

気候変動は，広範囲にわたって急速に進んでおり，激しさが増しているようです。
○ Climate change seems **widespread, rapid**, and **intensifying**.

SVCを活用して「広範囲にわたっている」，「急速に進んでいる」，「激しさが増している」という3つの情報を並列にします。形容詞widespreadとrapidを活用し，そして動詞intensifyのing形を並べます。

日本語に対応させた品詞を使って英語で表現すると，次のように長くなってしまいがちです。

Climate change seems to be occurring rapidly across wide areas, with the degree of climate change increasing.

正しい文ですが，形容詞を駆使した先のSVCのほうが視覚的にも理解しやすく，読みやすいでしょう。

2.2　名詞に状態や性質を加える

形容詞を使った短い名詞句を活かして英文を作ります。日本語の動詞表現から，形容詞と動詞の名詞形を探します。

【形容詞recent, widespread】

最近はモバイルコンピューティング技術が進歩したことにより，人間とコンピュータの相互作用が，人間の活動のあらゆる領域で必要となってきた。

○ **The recent** advances in mobile computing technologies necessitate human-computer interaction in all areas of human activity.

形容詞recentを使わない場合には，下の例のように，1つの文に主語と動詞が2セット存在する複文となります。

As mobile computing technologies have advanced recently, human-computer interaction is involved in all areas of human activity.

いずれを使っても間違いではありませんが，形容詞を使って名詞句を活かしたほうが，全体的に英文が引き締まり，読み手に早く情報が届きます。

職場でパソコンが広く使われるようになったために，大きな健康上の問題が生じている。

○ The **widespread** use of computers in the workplace has raised major health issues.

○ Major health issues result from the **widespread** use of computers in the workplace.

「職場でパソコンが広く使われるようになったため」を，「職場でのパソコン普及」のような短い名詞句として英文の主語にします。名詞句に対して情報を追加できる形容詞がここで役に立ちます。形容詞で主語に情報を含めることで，読み手に早く情報を届けることができるのです。

形容詞を使った名詞句は，無生物主語を使ったSVO以外に，主語を変えて表現する場合でも有効です。2つ目の文に示すとおり，「大きな健康上の問題」を主語にし，result from（～から生じる）を使ってSVで組み立てることも可能です。日本語と同じ品詞を使って英語で表現すると，例えば次の文のように長くなってしまううえに，「パソコンの使用」と「健康上の問題」との因果関係が曖昧になっています。

As computers have been used widely in the workplace, major health issues have occurred.

【分詞に由来する形容詞cracked, industrialized, damaged】

> スマートウォッチの画面が割れると，けがをすることがある。
> ○ A **cracked** screen on the smartwatch may cause injury.

crackedは「割れ目の入った」という形容詞です。「割れると」を表します。ここでは不定冠詞aを用いたA cracked screenという無生物主語を使ったSVOによって，p.32で紹介した「仮定」の意味が出ています。つまり，

If the screen on the smartwatch is cracked, injury may occur.

と同義ということです。なお，crackedは，動詞crack（割れる・～を割る）の過去分詞cracked（割れた）が辞書内で形容詞としての地位を得たものです。

> 農業の工業化により，確実かつ低コストで食料を生産することが可能になった。
> ○ **Industrialized** farming has enabled reliable production of foods at low costs.

動名詞を使ったindustrializing farming（農業を工業化すること）や動詞の名詞形を使ったfarming industrialization（農業の工業化）よりも，過去分詞industrialized（工業化した）を使って自然に読みやすく表現できます。

> 皮膚外層の神経繊維が損傷を受けた場合に痒みが生じることがある。
> ○ Itching can result from **damaged** nerve fibers in the outer layers of skin.

こちらも動詞damage（～に損傷を与える）から過去分詞damaged（損傷を受けた）の形で使用され，形容詞として辞書に掲載されるようになった単語です。「損傷を受けたとしたら」という具合に仮定のニュアンスを強めたければ，anyを加えます（p.80参照）。

> ○ Itching can result from **any** damaged nerve fibers in the outer layers of skin.

【形容詞potential, additional, further】

形容詞の例をもう少し見てみましょう。potential（潜在的な），additional（追加の），further（さらなる）を名詞に加えて便利に意味を足すことができます。

職場火災の原因としては，高温の作業場所，暖房機器，配線，敷地内に保管されている可燃性液体などが考えられる。
○ **Potential** sources of workplace fires include hot work areas, heating equipment, wiring, and flammable liquids stored onsite.

形容詞potential（潜在的な）は，対応する簡潔な日本語表現が存在しない代表的な単語です。「潜在的」という日本語は使われる文脈が限られているので，英訳の際にpotentialが使われる頻度は高くありませんが，英文を読むと頻繁に目に入ります。なぜなら，上記の例文のような「～が考えられる」という文脈で使用されているからです。日本語のネイティブ話者は次のような英文を作りがちですが，potentialを使った上記の英文のほうが洗練されています。

△ **The sources of** workplace fires **can be**, for example, hot work areas, heating equipment, wiring, and flammable liquids stored onsite.

「可能性がある」という日本語に対しても，potentialを使うことができます。

クローン技術は，食料分野や医療分野などに応用できる可能性がある。
Cloning can have many **potential** applications in food and medicine.

形容詞potentialと組み合わせる名詞を考えることで，上手く使いこなせる可能性が高まります。

過去の研究によると，酸化鉄は，リチウムイオン電池の電極材料の候補である。
○ The previous research suggests that iron oxides are **potential** electrode materials for lithium-ion batteries.

potential＝「潜在的な」と覚えるだけでなく「候補」，「可能性」などと意味を柔軟に理解することで，次のようなcandidate（候補）を使った文ではなく，

potentialを上手く使うことができます。

The previous research suggests that iron oxides **can be candidates** for electrode materials for lithium-ion batteries.

新しい設備により，生産能力を高めて需要増に対応することができる。

○ The new facility provides **additional** manufacturing capacity to meet a growing demand.

○ The new facility can increase our manufacturing capacity to meet a growing demand.

「生産能力を高める」をincrease our manufacturing capacityとできる一方で，provide additional manufacturing capacityも可能です。

調査を進めると，英国における亜酸化窒素の排出量の30％が輸送に由来していることが明らかになった。

○ **Further** investigation has revealed that 30% of nitrous oxide emissions in the UK come from transport.

furtherの品詞には副詞と形容詞がありますが，形容詞として使うことで，副詞を使った次の文よりも簡潔に表すことができます。

As we investigated **further**, we have found that 30% of nitrous oxide emissions in the UK come from transport.

【形容詞の活用：主語の状態を表す・名詞に状態や性質を加える】のまとめ

- 形容詞を上手く見つけてSVCを使うことで，簡潔に伝えられることがある。
- 形容詞を使った短い名詞句で情報を効率的に伝えられる。recent, widespreadなどの一般的な形容詞，cracked, damagedのような分詞由来の形容詞，そして日本語と英語の間で対応しにくいpotential, additional, furtherを使いこなすとよい。

2.3 形容詞として働く分詞

現在分詞・過去分詞は，動詞が形を変えて形容詞の役割を果たすものです。

「___ing」は現在分詞，「___ed」は過去分詞と呼ばれ，基本的には，それぞれ「能動の意味」と「受動の意味」を名詞に加えます（文に意味を加える分詞は「分詞構文」で使います。p.165参照）。

例えばbreak（壊す・壊れる）という動詞は，breakingで「破断している・壊している」という現在分詞，brokenで「壊れた」という過去分詞となります。例文で理解しましょう。

Breaking news is the type of important news that "breaks" or interrupts scheduled programming.
ニュース速報とは，予定されている番組を中断させて流される重要なニュースのことである。

Broken wires or poor connections may cause open circuits.
断線や接続不良により，開回路が生じることがある。

breaking news（割り込んでいるニュース，つまりニュース速報）やbroken wire（切れた配線）など，分詞が名詞を修飾する形容詞の役割を果たしています。分詞は動詞由来の形容詞のため，動作のニュアンスが残ります。現在分詞「___ing」であれば「現在割り込んでいる」というニュアンス，過去分詞であれば「何かの原因があって配線が切られた」というニュアンスです。

このように形容詞の役割を果たす分詞は，基本的にどのような動詞からでも作れますが，形容詞として使われる文脈が多い分詞は，先のdamaged（破損した）のように形容詞としての認識が定着します。なお，現在分詞damagingも辞書に形容詞として分類されています。

現在分詞・過去分詞を伴う名詞句を効果的に使った例をいくつか紹介します。

プラスチックの需要が増しているために，廃棄物が深刻な問題となっている。
○ The **growing** demand for plastics has created serious waste problems.（現在分詞）
△ Because the demand for plastics has been **growing**, waste problems have become serious.

形容詞を使った名詞句で文全体を簡潔に表現できます。

温室効果の原因は，大気中の二酸化炭素濃度の上昇による地球の温度上昇である。

○ The greenhouse effect results from the **increasing** temperature of the planet caused by the **increasing** carbon dioxide concentration of the atmosphere.（現在分詞）

○ The greenhouse effect results from the **increased** temperature of the planet caused by the **increased** carbon dioxide concentration of the atmosphere.（過去分詞）

△ The greenhouse effect results from **an increase** in the temperature of the planet caused by **an increase** in the carbon dioxide concentration of the atmosphere.

冠詞の判断が減り，語数を減らすことができます。

分詞による形容詞表現を上手く使いこなせると，文が長くならず，短い名詞句を使ってさまざまな状態を表すことができます。

【形容詞の活用：形容詞として働く分詞】のまとめ

- 現在分詞__ingも過去分詞__edも動詞由来の形容詞。上手く活用することで短い名詞句を作れる。

2.4 形容詞の比較級

2つ以上の事物の間に「差」があることを示す比較級を活用すれば，容易に表現の幅を広げることができます。

日本語には，「～より」という比較の文言があまり明示されません。優劣を表す響きから，敬遠されるのでしょう。

しかし，「～と比較して」や「～と比べて」などの言葉で比較対象が明示されている場合や，「効率化」や「低コスト化」，「～が高まる」や「～が上昇する」などの言葉で優劣や変化が明記されている場合は，形容詞を比較級で使うことができます。

前年度の第1四半期と**比較して**，当社の今期の売上は50%増である。
○ The company has achieved a sales figure 50% **higher** in this quarter than in the first quarter of the previous year.
△ The company has increased the sales figure 50% in this quarter as compared with the first quarter of the previous year.

同シリーズの他の製品と**比べて**，新エキストラモイストローションIIは保湿効果がアップした製品である。
○ The new extra moist lotion II is **more moisturizing than** other products in the same series.
△ The new extra moist lotion II has an increased moisturizing effect as compared with other products in the same series.

「比較して」をcompared withに置きかえず，比較級を使って表します。

クラウド環境により，異なる拠点どうしのやりとりが**効率化**できる。
○ Cloud environments enable **more efficient** communication between different locations.
△ Thanks to cloud environments, the communication between different locations has become efficient.

「効率化」にmore efficientという比較級を使うことで，become（～になる）を使った長い表現を避けられます。

太陽光発電システムの**低コスト化と高効率化**が実現したことによって，家庭や企業は毎月の電気代が削減でき，投資収益率（ROI）が向上する。
○ **Lower-cost** and **higher-efficiency** solar power systems allow homeowners and businesses to have **lower** monthly electricity bills and a **higher** return on investment (ROI).
△ Because the costs for solar power systems **have decreased** and their efficiency **has increased**, homeowners and businesses can **decrease** their monthly electricity bills and **increase** the return on investment (ROI).

形容詞high（高い），low（低い）の比較級を活かした短い名詞句で簡潔に表現できます。

価格が上がっても，消費者は品質のよい製品を購入するだろう。
○ Consumers are expected to buy quality products at **higher** prices.
△ Consumers are expected to buy quality products even when the prices become high.

前置詞句at higher pricesで「価格が上がっても」を表せます。複文構造を使った場合でも，even when the prices become highやeven when the prices increaseではなく比較級を使ってeven when the prices are **higher**と表現することができれば，複文構造を前置詞句に書きかえることが容易になります。

コンクリートやアスファルトは，太陽からの熱を大気中に反射させずに吸収するため，**気温が上昇する**一因となっている。
○ Concrete and asphalt absorb heat from the sun instead of reflecting it into the atmosphere and thus contribute to **higher temperatures**.
△ Concrete and asphalt absorb heat from the sun instead of reflecting it into the atmosphere and contribute to **an increase in temperature**.
（contribute to = ～の一因となる）

【形容詞の活用：形容詞の比較級】のまとめ
● 形容詞に比較級を使えば，短い名詞句を活用して簡潔に表現できる。

第3項　副詞の活用

副詞のはたらきは名詞以外を修飾することで，文中で動詞に意味を足したり，文頭で文全体に意味を足したりします。骨子となるメッセージを作成し，それに意味を添えるのに活用します。

3.1　動詞に副詞を足す

英語の副詞が便利な点は，完成した文章に対して加えるだけで機能するということです。

ヒストグラムは，度数分布を示すのに使われることが多い。
○ Histograms are **often** used to show frequency distributions.

「～することが多い」という日本語に対して副詞oftenが使えます。「しばしば」と覚えてしまいがちな単語ですが「しばしば」という表現はあまり使われないので，さまざまな日本語のいい回しに対して，oftenやほかの類似の副詞を使えるように練習しておくとよいでしょう。

副詞はこのように，和文の述語に対応することが少なくありません。類例として，「ヒストグラムは，度数分布を示すのに使われることが一般的です」であれば，次のような表現が可能です。

○ Histograms are **typically** used to show frequency distributions.
○ Histograms are **commonly** used to show frequency distributions.

似た意味の副詞として，他にもfrequently（多く），widely（広く），popularly/usually/customarily（一般に）などがあります。

オミクロン株に感染した場合には，他の変異株に感染した場合よりも重症化しにくいことが報告されている。
○ Omicron infection **reportedly** causes less severe disease than infection with other variants.

reportedly（報告によると）という副詞は動詞reportに由来していますが，動詞で使うよりも副詞で使ったほうが効果的です。1語で意味を加えられるため，次のように長くなることを避けられます。

It has been reported that omicron infection causes less severe disease than infection with other variants.

Omicron infection **has been reported to** cause less severe disease than infection with other variants.

なお，reportedlyのかわりにseeminglyを使うと，「～のようである」となります。副詞を変更することにより，さまざまな文脈を表すことができます。

最新の実験において，前処理後の画像から強化学習を用いて特徴を抽出することに成功した。
○ Our most recent experiments have **successfully** used reinforcement learning to segment features out of pre-processed images.

successfully（成功裏に）という副詞は，派生元の動詞succeedを使った
Our most recent experiments have succeeded in using reinforcement learning to segment features out of pre-processed images.
よりも，「何を行ったか」という主体の動詞を目立たせることができて便利です。実際に，英語のネイティブ話者が書く英文には，succeed in ...ingよりもsuccessfully do/does ...のほうがはるかに頻繁に使われています。

3.2 文全体に副詞を足す

副詞は，配置する場所に応じて係り先が変わります。文頭に配置すれば，文全体に意味を加えることができます。それにより，例えば前の文との結びつきを強めることも可能です。

意思決定が容易になるよう，患者が診断について可能な限りの情報を得られることが理想的である。
○ **Ideally**, patients should receive all available information about their diagnosis for easier decision making.

It is ideal that...と複雑になることを避けて，文頭に副詞を配置できます。Ideally, に代えてPreferably, Clearly, とすれば，「望ましい」「明らかである」を表します。

人工知能（AI）が旧来の問題を解決するための新しいアプローチを容易に可能にしていることは特筆すべきである。
○ **Notably**, artificial intelligence (AI) now facilitates new approaches of solving old problems.

文頭の副詞を変更することで，さまざまな意味を加えることができます。Importantly, Advantageously, では「重要である」「利点がある」を表せます。

従来型の交配育種では，望ましい特性を有する新しい作物品種を作り出すために，個体同士をかけ合わせる。遺伝子を直接操作しないという点が重要である。
○ Classical plant breeding involves interbreeding of individuals to produce new crop varieties with desirable properties. **Importantly**, the classical approach does not involve any direct manipulation of genes.

副詞をこのように文頭に配置することで，前の文との結びつきが強まります。

3.3 文中に挿入する副詞

副詞には，動詞に意味を加えることと，文頭で文全体に意味を加えることに加え，特定の語句に着目させるという使い方もあります。

鉱山労働者は，水銀，鉛，ヒ素を**はじめとする**多くの有害物質にさらされている。
○ Miners are exposed to numerous toxic hazards, **most notably**, mercury, lead, and arsenic.

most notably,（特筆すべきことに）以外に，most commonly,（最も一般的には），more specifically,（より詳しくいうと），particularly,（特に），most importantly,（最も重要なことには）も，例示する内容を強調する効果があります。なお，「～をはじめとする」を表すほかの例示表現（including/such as）についてはp.203で説明しています。

【副詞の活用】のまとめ

- 動詞に副詞を足して意味を加えることができる。「～することが多い」など，頻度を表す文末表現は，英語だとoftenやtypicallyといった副詞で表され，文中に配置される。
- 「～が望ましい」や「～は明らかである」といった文末表現は，英語だと文頭にIdeally, やClearly, といった副詞を使い，文全体に意味を加えることで表せる。

● most notably, のようにコンマを使って副詞を文中に挿入することにより，情報を強調することができる。

More Teachings

動名詞と分詞は動詞の名詞形と形容詞形

動詞をingの形に変えた動名詞は，動詞を「名詞」のように働かせる品詞です。例えばadjust（調整する）をadjustingとすれば，動名詞「調整すること」になります。動名詞は動詞としての性質を残していて，例えば他動詞の場合に，後ろに目的語を配置することも可能です。つまり，adjusting the temperature（温度を調整すること）のように短い名詞句を作ることができ，adjusting of the temperatureとする必要がありません。動詞の名詞形adjustmentよりも動詞の役割や動きが残っていることが，adjustment of the temperatureとの比較からわかります。adjustment（調整）は単体で使っても問題ありませんが，adjustingを単体で使うと，動詞が働きかける目的語がないことに違和感が生じます。

これに対し，現在分詞と過去分詞は，動詞が形を変えて形容詞化したものと考えることができます。元の動詞に自動詞・他動詞の両方がある場合には，the increasing temperature（上昇している温度）とthe increased temperature（上げられた温度）のように能動と受動の意味で使用できます。一方，emerge（現れる）など自動詞の用法しかない動詞の場合には，emerging technologies（現れつつある技術）のような現在分詞の形が基本です。過去分詞が例外的に名詞の前に配置された場合には受動ではなく完了の意味を表し，「すでに現れた技術」と解釈されます。

形容詞の説明時にも言及したとおり，形容詞として使用する文脈が多い現在分詞・過去分詞は，実際に辞書にも形容詞として分類されます。例えばdamaged, damagingは，動詞damage（～に損傷を与える）の過去分詞・現在分詞のはずですが，いずれも形容詞として辞書に載っています。動詞crack（割れる・～を割る）の場合には，cracked（割れた）は形容詞として分類されていますが，crackingのほうに「割れている」という意味の形容詞はありません。「割れた～（受動の意味）」という文脈は多くありますが，「割れている～（cracking）（能動の意味）」は文脈が思いつきません。crackingには別途「亀裂」という意味の不可算名詞の品詞が辞書に記載されている点からも，言葉は人が使いながら文脈の中で便利に進化させてきたものであることが伺い知れます。そもそも，「辞書に掲載される」こと自体が便宜的なものですので，現在分詞と過去分詞は「動詞由来であること」，「形容詞の役割を果たすこと」と理解しておくことが，さまざまな単語を上手く使いこなすうえで重要です。

第5章

適切な文体の判断

英語であっても日本語であっても，読者層に合った文体を用いることの重要性は論を待ちません。未成年者に対して「既往症の虚偽申告」のような硬い言葉を発するのはやや不親切ですし，逆に，医師に対して「今までにかかったことのある病についての偽りの申し出」と過剰に柔らかく表現する必要はありません。

本章では，日本語と英語におけるこのような硬い表現と柔らかい表現を紹介しながら，それらの使い分けと応用形態を学びます。

第1項　説明的文体と概念的文体

1.1　説明的文体と概念的文体の定義

本節では，説明的文体と概念的文体という2種類の文体と，それぞれの効果的な使い方を紹介します。まずは次の文を用いて，それぞれの文体を定義します。

To answer this question, we have to understand **what glass actually is**, and **where it comes from**.

whatは「何」を意味し，whereは「どこ」を意味しますから，この文は次のように訳せます。

△ この疑問に答えるには，**ガラスとは実際に何なのか**，そして**それがどこからやってくるのか**を理解する必要があります。

「ガラスがやってくる」という表現がやや不自然です。そこで，ベテランの翻訳者でしたら，次のような訳文も同時に検討します。

○ その疑問に答えるには，**ガラスの正体**と，**その原料**を理解する必要があります。

先ほどの訳文と同じ意味ですが，こちらのほうが簡潔で引き締まっています。この2種類の文体について翻訳者の立場から明確に論じたのは，日本翻訳連盟の理事も務めた田原利継氏です。同氏は2001年に上梓した『英日実務翻訳の方法』の中で，上記2つの訳文のうち，上の例のように和語を使った口語調の文体を「**説明訳**（Descriptive Translation)」と称し，下の例のように漢語を使った文語調の文体を「**概念訳**（Conceptual Translation)」と称しました。

同書には，この2つの文体を使い分けるうえでの判断材料と使い分けの目的も記載されていますが，本章では，筆者が実務経験から得た知見でそれらに厚みを加えるとともに，この2つの文体をさらに有効に活用するための新たな視点を紹介します。

なお，本書は英文から和文への翻訳だけでなく，純粋に和文を書き起こすことも想定しているため，本章ではこの2つの文体をそれぞれ「説明的文体」と「概念的文体」と称します。

1.2　説明的文体と概念的文体の使い分け

一見すると，説明的文体よりも概念的文体のほうが優れていると感じられるかもしれませんが，この2つの文体に優劣はなく，大事なのは，文書の種類や目的，想定される読者層，文脈などに応じて適切に使い分けることです。翻訳の場合には，上記の使い分け要件に加え，修辞上の理由でどちらかの文体を選ぶこともあります。それぞれの文体が好まれる状況や文脈を，次の項目で実例とともに紹介します。

説明的文体が好まれる状況

①初心者・消費者向け文書

Accumulation of atheroma in coronary arteries can narrow blood vessels and obstruct blood flow to the heart, possibly resulting in the onset of symptoms such as angina pectoris and shortness of breath.

【概念的文体】

アテロームが冠動脈に**蓄積する**と，血管が**狭窄し**て心臓への血流が**阻害され**，狭心症や息切れなどの症状が**顕現する**ことがあります。

学術論文であれば，読者はその分野の専門家ですので，専門用語を多用しても問題ありません。少ない文字数で細かいニュアンスを出せる専門用語は，むしろ推奨されるでしょう。しかし，専門外の人や初学者に対しては，あえて説明的文体を使用するという配慮が必要ですし，高度な技術を応用した電子機器製品などを一般消費者に知ってもらうような状況でも同様です。

上記の概念的文体を説明的文体に書きかえます。

【説明的文体】
アテロームが冠動脈に**溜まる**と，血管が**狭まって**心臓への血流が**阻まれ**，狭心症や息切れなどの症状が**はっきりと現れる**ことがあります。

専門的な内容ではありますが，これなら一般の読者にも受け入れられやすいでしょう。

②名詞中心の英文の和訳

One possible cause of uneven disc-pad wear is its poor installation.
【概念的文体】
△ ディスクパッドの**不均一摩耗**の**潜在的原因**の1つが，**不適切な取付**です。

名詞句と前置詞を多用した英文は，いうなれば，英語版概念的文体といったところでしょう。英文としては非常に洗練されていますが，日本語とは相性が悪く，名詞を名詞のまま日本語に移行すると，どうしてもぎこちなさが生じてしまいます。この類の英文に対しては，第4章で学習した「品詞の変換」の技法を応用して説明的文体寄りの訳文を作る必要があります。

【説明的文体】
○ ディスクパッドの**減り方に偏りが生じる原因として**1つ**考えられる**のは，**きちんと取り付けられていないこと**です。

「原因」など，和語で表しにくい語句はそのままでよいでしょう。説明的文体か概念的文体かの二者択一ではなく，どちらの文体にどの程度寄せるのが最適かを考えるようにしてください。ここでは説明的文体についての理解を促すために，少し大げさに説明的文体を作りましたが，実際には次に示すくらいの硬さでよいでしょう。

【説明的文体】
○ ディスクパッドが均一に摩耗しない原因として1つ考えられるのが，取り付け不良です。

以下，概念的文体が好まれる状況や文脈を，同じく実例とともに紹介します。

概念的文体が好まれる状況

①論文や契約書，申請書などフォーマルな文書

Once received, an application for welfare will be reviewed before being approved.

【説明的文体】

△ 生活保護を**願い出る**と，**受け取られた**後，**きちんとしたものであるかどうかが調べられた**うえで**認められます。**

役所などの各種申請書類は，周知のとおり，「直系卑属」や「非嫡出子」など難解語彙が多く，文体も硬めです。次のような概念的文体が妥当でしょう。

【概念的文体】

○ 生活保護の**申請**は，**受理**された後，**審査**を経て**承認**されます。

とてもコンパクトで，概念語の利便性と威力を実感する1文です。

②見出し

Mitsubishi Heavy Industries announced that it would "temporarily pause" the SpaceJet project, though continuing to pursue type certification, a prerequisite for commercial flight.

【説明的文体】

三菱重工は，スペースジェット事業について，商用飛行に必要な型式証明は引き続き取得を目指していくものの，いったん立ち止まると発表した。

見出しが体言止めでなければならないという決まりはないようですが，スペースの制約とインパクトの創出という観点から，やはり概念的文体が好まれます。この文から見出しを作成するなら，次のようになるでしょう。

【概念的文体】
三菱重工がスペースジェット事業を凍結，型式証明の取得は継続

③動詞句の並列

Cybercriminals use techniques such as cracking user names and passwords, exploiting system vulnerabilities, or infecting computers with malware to invade an organization's internal network.
【説明的文体】
△ サイバー犯罪者は，ユーザー名とパスワードを**割り出したり**，システムの脆弱性を**突いたり**，コンピュータをマルウェアで**感染させたり**といった手口を使って組織の内部ネットワークに侵入してきます。

この文のように動詞句が羅列していると，弛緩した響きが生まれやすいことに加え，2つ目以降の動詞に「たり」をつけるのをつい忘れてしまい，「ユーザー名とパスワードを割り出したり，システムの脆弱性を突いてくることがある」のような文を作ってしまいがちです。「飛んだり跳ねたりする」や「雨が降ったり止んだりする」を「飛んだり跳ねる」や「雨が降ったり止む」といい間違えることは決してないので不思議ではありますが，いずれにせよ，列記される内容が多い場合には概念的文体が有効です。

【概念的文体】
○ サイバー犯罪者は，ユーザー名とパスワードの**解読**，システム脆弱性への**攻撃**，コンピュータのマルウェア**感染**といった手口を使って組織の内部ネットワークに侵入してきます。

次に，概念的文体のバリエーションが豊かな翻訳者泣かせの疑問詞2つと，その対応事例を紹介します。

④howの概念的文体

howは他の疑問詞よりも意味と用法が多いため，翻訳時には注意と工夫が求められます。安易に「どのように」や「どれほど」と訳すのではなく，howの用法やhow節内の動詞を頼りに概念的文体を案出し，検討しましょう。

In this video, you will learn how to embed a YouTube video into your Facebook Page.
【説明的文体】
このビデオでは，どうやってYouTube動画を自身のFacebookページに**埋め込むか**を学びます。
【概念的文体】
このビデオでは，YouTube動画を自身のFacebookページに**埋め込む方法**を学びます。

こちらは最も基本的なhowの用法なので，概念的文体も容易に作れるでしょう。以下，他の用法でも概念的文体を検討します。

The following schematic drawing illustrates how a conventional GPS vehicle tracking device works.
【説明的文体】
次の模式図は，従来型GPS車両追跡装置が**どのように動くか**を表している。
【概念的文体】
次の模式図は，従来型GPS車両追跡装置の**動作機序**を表している。

難易度が一気に上がりました。同じ用法のhowを用いた例文をもう1つあげます。上の例文とは「どのように」の意味合いが少し異なります。

The latest article notes how this autoimmune disease acts on the blood vessels and induces inflammation.
【説明的文体】
最新の記事には，この自己免疫疾患が血管に**どのように働きかけ**，炎症を**招く**のかが述べられている。
【概念的文体】
最新の記事には，この自己免疫疾患による血管への**作用**と，炎症の**発生過程**が記載されている。

和語だと「どのように」に集約されてしまう内容が，漢語では別の言葉で表現されます。細かいニュアンスを出せる漢語の特性が改めてよくわかります。

How effective posters and ads are can be measured by how well they are remembered by viewers and by how much sales increase.
【説明的文体】
ポスターや広告が**どれくらい有効であるか**は，それを見た人が**どれくらいよく覚えているか**，そして**どのくらい**売上が**伸びたか**によって計られます。

程度や度合いを表すhowの概念的文体としては，「～度」や「～性」が該当することが多いでしょう。

【概念的文体】
ポスターや広告の // **有効性** / **効果** // は，閲覧者の**記憶（への定着）度**と，売上の**伸長度**によって測定されます。

⑤whatの概念的文体

whatもhowと同様，概念的表現のバリエーションが豊かな疑問詞です。「何」，「もの」，「こと」と安易に訳すのではなく，what節の中で使われている動詞や前置詞から概念的文体も検討しましょう。

This platform can allocate networks dynamically based on what is described in the descriptors.
【説明的文体】
このプラットフォームは，記述子内に // 記述されている**こと** / **何が**記述されているか // に基づいてネットワークを動的に割り当てることができます。

「こと」や「もの」といった形式名詞は，便利である一方，意味が薄く抽象的で，書き手の熱意まで薄めてしまいそうな気がします。こんなときこそ，概念的文体の出番です。

【概念的文体】
このプラットフォームは，記述子内の // **情報** / **内容** // に基づいてネットワークを動的に割り当てることができます。

あまり代わり映えしないかもしれませんが，whatを「情報」と訳したところが，翻訳者の努力の証です。

This report contains information about birds and their habitats, and gives examples of what could happen due to climate change.
【説明的文体】
この報告書には，鳥類とその生息地に関する情報が記載されており，気候変動によって**何が**起こり得るのかを示す例が紹介されている。

原文の意味を正確に伝えており，問題ありませんが，経験豊富な翻訳者であれば，次のような文も併せて検討するでしょう。

【概念的文体】
この報告書には，鳥類とその生息地に関する情報が記載されており，気候変動によって起こり得る // **現象** / **事象** // を示す例が紹介されている。

Hydrogen accounts for most of the universe, and is what stars are mostly composed of.
【説明的文体】
水素は宇宙の大部分を占めており，星の**大部分を成す**ものである。

「もの」も形式名詞です。形式名詞を使わない訳文を考えてみましょう。

【概念的文体】
水素は宇宙の大部分を占めており，星の**主成分**である。

「成す」という動詞から「成分」という名詞を引き出すことにより，すっきりとした訳文に仕上がりました。

Bipolar disorder is often misunderstood. A psychiatrist sheds light on what the disorder is all about.

【説明的文体】
双極性障害は誤解されることが少なくありません。この障害が**いったい何なのか**，精神科医が明らかにします。

all aboutという強意表現のニュアンスを反映できる概念語には，何があるでしょうか。

【概念的文体】
双極性障害は誤解されることが少なくありません。この障害の**本質**を，精神科医が明らかにします。

【説明的文体と概念的文体】のまとめ
- 文体は，ひらがなを多用した「説明的文体」と，漢語を多用した「概念的文体」に大きく分けられる。
- 初心者や消費者向けの文書には説明的文体，専門書や学術文書には概念的文体が適する。
- 無生物主語など，名詞が多用された文には，説明的文体が効果的。
- whatとhowに概念的文体を適用するには，それぞれの意味・用法に対応する典型的な言葉を用意しておく。

第2項　パラレリズムへの応用

説明的文体と概念的文体を使い分けることは，繊細なニュアンスを出したり，読者層や文脈に合ったトーンを文に与えたりするのに役立つだけでなく，文の読みやすさと洗練度を高めることにも寄与します。

Whereas most substances shrink when you cool them, water expands when it freezes.
△ 大半の物質が，冷却すると収縮するのに対し，水は凍ると膨らむ。

この英文は，whereasで2つの情報を対比させています。訳文は原文の意味を正しく伝えてはいるものの，個々の単語にフォーカスすると，「冷却する」—

「凍る」，「収縮する」—「膨らむ」という具合に概念語と和語という形で対応しており，バランスがよくありません。この例文のように，対比や並列の関係を表す文は，語句レベルでもその形や響きをできるだけそろえるのが鉄則です。このように，並列する2つ以上の句や節に対して音律的・文法的に類似した形式を与えることを，「パラレリズム」といいます。

例文に表されているきれいなパラレリズムを，和訳にも反映させましょう。

○ 大半の物質が，**冷却すると収縮する**のに対し，水は**氷結すると膨張する**。

概念語にそろえることでパラレリズムを実現しました。もちろん，和語によるパラレリズムも可能です。

○ 大半の物質が，**冷えると縮む**のに対し，水は**凍ると膨らむ**。

技術文書では，複数の構成要素や処理を列記することが多いうえに，列記された語句の中でさらに複数の構成要素が並列されることも少なくありません。そのような場合には，「および」や「ならびに」といった接続詞に加え，上記のように説明的文体と概念的文体を使い分けることによっても，並列関係の階層を区別することができます。

パラレリズムの整った英文は美しく，読み手をよい気分にしてくれますが，当然のことながら，こんな整った英文ばかりではありません。

The research group investigated **the impact of the disaster on the affected region** and **how the damage could be mitigated**.
△ その研究グループは，**被災地に対するその災害の影響**と，**どうすれば被害を軽減することができたか**を調査した。

andが連結する2つの名詞句は，左が動詞を含まない句であるのに対し，右はhowではじまる節になっており，パラレリズムが成立していません。このような場合には，この訳文のように，そのアンバランスな構造までも忠実に訳文に反映するのではなく，次のようにパラレリズムを整えましょう。

【概念的文体】
○ その研究グループは，**被災地に対するその災害の影響**と，**被害を軽減できた可能性のある方法**を調査した。
【説明的文体】
○ その研究グループは，**その災害が被災地にどのような影響を及ぼし**，**どうすれば被害を軽減できたのか**を調査した。

概念語は非常に数が多いため，自身の運用語彙の中に適切な概念語が見当たらないことも少なくありません。そんなときには，類語辞典を活用しましょう。筆者が頼りにしている類語検索サイトを2つほど紹介します。求めていた単語を見つけたときの快感をぜひ味わってください。

・類語玉手箱（https://thesaurus-tamatebako.jp/）
・日本語シソーラス 類語連想辞典（https://renso-ruigo.com/）

【パラレリズムへの応用】のまとめ
● andやorによる並列を含む英文に対しては，並列語句の音律や構成をそろえる「パラレリズム」を試みる。

Coffee Break

豪放なロックグループが見せた繊細なレトリック

Guns N' Roses（ガンズ・アンド・ローゼズ）という米国のハードロックバンドが1991年にリリースした名曲「November Rain」は，30年経った今でも折に触れて聴きたくなる筆者お気に入りの1曲です。

公式PV　https://youtu.be/8SbUC-UaAxE

ストリングスをフィーチャーしたドラマチックな構成や，砂漠の中にある小さな教会の前でスラッシュが奏でる美しいギターソロなど，どこを切り取っても素晴らしいのですが，サビが終わった後のCメロの歌詞が秀逸です

（動画では3:45～4:10）。

I know it's hard to keep an open heart
When even friends seem out to harm you
But if you could heal a broken heart
Wouldn't time be out to charm you?

【抄訳】

友だちまでもが君を傷つけようとしているときに
心を開いておくことは難しいよね
でも，傷ついた心を癒すことができれば
時が元気づけてくれるんじゃないのかな

to keep an open heartとcould heal a broken heart，そしてseem out to harm youとbe out to charm you?という各フレーズに見られるパラレリズムが出色です。英語は強弱をつけて発音されるため，PVの音と映像と一緒に味わうと，韻の心地よさが増幅します。

しかし，パラレリズムによって韻を踏むという作詞技法自体は，別にガンズ・アンド・ローゼズの専売特許というわけではなく，多くのミュージシャンによって広く用いられています。ここでさらに注目に値するのは，open heartとbroken heart，harm youとcharm youが，それぞれ真逆の意味であるということです。対義的な言葉や概念を並列してその対照性を際立たせるレトリック（修辞技法）のことを，修辞学でAntithesis（アンチテーゼ/対句法）といいます。歌詞という厳しい制約の中でパラレリズムとアンチテーゼを両立させたこの一節に，彼らの才能の一端が垣間見れますし，バンド名のGuns N' Rosesもアンチテーゼそのものです。

服役直後のドラッグ常習者のような退廃的なメンバーの風貌などから，破壊のイメージが強かったガンズ・アンド・ローゼズですが，この曲に象徴される繊細な感性には，本当に度肝を抜かれました。しかしその経験は，自身が翻訳という職業を選んだ遠因になりましたから，「November Rain」は，筆者にとってまさに人生の1曲です。

5.2節　名詞節と名詞句を効果的に使う　英語

第1項　名詞節と名詞句

1.1　与える印象の違い

名詞節とは，「主語」と「動詞」を使った名詞の単位のことです。「～が～であること」を表すthat節や，「～かどうか」を表すwhether節，「～をどのように行うのか」や「何が～であるのか」といった間接疑問文による名詞節などがあります。いずれの名詞節も，文中で主語や目的語や補語になることができます。

本節では，このような名詞節のうち，間接疑問文，つまり「疑問詞＋S＋V」を扱います。例えば，what the earth's atmosphere is componsed of（地球の大気が何から構成されているか）といった形です。間接疑問文で表された内容は，the composition of the earth's atmosphere（地球の大気の構成）という名詞句にいいかえることも可能です。「名詞節（疑問詞＋S＋V）」が動詞を活かした説明的な表現である一方で，「名詞句（動詞の名詞形＋of＋名詞など）」は少ない単語数で表せる効果的な表現ということができます。

この2つの表現を英語と日本語の両方で見てみましょう。

名詞節（間接疑問文）

This chapter describes **what the earth's atmosphere is composed of**: nitrogen, oxygen, argon, and other gases. この章では，**地球の大気がどのような物質**（**窒素，酸素，アルゴン等**）**で構成されているか**について説明します。

名詞句

This chapter describes **the composition of the earth's atmosphere**: nitrogen, oxygen, argon, and other gases. 本章では，**地球の大気の構成**（窒素，酸素，アルゴン等）について説明する。

日本語と英語のいずれも，前者は柔らかい印象を与え，後者は堅い印象を与えます。このように，「地球の大気がどのような物質で構成されているか」という

名詞節と「地球の大気の構成」という名詞句を，対応する日本語の説明箇所（5.1節）ではそれぞれ「説明的文体」および「概念的文体」と定義しています（p.122参照）。まずはどちらの文体でも書ける表現力をつけ，その先は，読み手に応じて文体を使い分けましょう。

動詞を活かした名詞節は主に，読み手に平易に読ませたい消費者向けの文書（メール・製品説明など）で使用します。一方，簡潔に名詞を活かした名詞句は，効率的に読ませたい専門家向けの文書（仕様書・技術報告書・論文など）で力を発揮します。

1.2　両方の文体で表現する練習

元の和文が動詞を活かした「説明的文体」と名詞を活かした「概念的文体」のどちらであっても，英文では読み手に合わせた適切な文体を選択できるよう，両方の文体を練習しましょう。「説明的文体」のほうは，疑問詞と動詞を上手く使うこと，「概念的文体」のほうは，動詞の名詞形を正しく選択し，冠詞を適切に整えることが大切です。

ユーザー体験とは，製品やシステム，サービスを通じてユーザーが得る感覚のことである。

【説明的文体】

○ User experience refers to **how users perceive their interaction** with products, systems, or services.

【概念的文体】

○ User experience refers to **the perception of users** interacting with products, systems, or services.

疑問詞howを使った文ではperceiveという動詞を使って表現し，もう一方はperceptionという名詞を使って表現しています。前者はメールや製品の説明文で使用し，後者は論文や報告書，特許文献などで使用するのがおすすめです。

本講義では，地球上の生命の誕生とその後の進化について解説する。

【説明的文体】

○ The lecture covers **how life** on the earth **started and has subsequently evolved**.

【概念的文体】

○ The lecture covers **the origin and the subsequent evolution of life** on the earth.

「生命がどのように誕生し，その後どのように進化してきたか」を名詞を活かして表現すると，「生命の起源とその後の進化」となります。動詞を活かした説明的文体のほうでは，「生命が誕生し」に過去形（life started），「進化してきた」に現在完了形（has evolved）を使うことで，過去の1点で生命が誕生し，現在まで進化してきたという時制を明示できます。一例として，一般向け・学生向けの科学教科書やウェブ資料であれば前者，論文であれば後者を選択します。

持続可能な開発目標（SDGs）を実施するにあたって特定された課題について文書化した。

【説明的文体】

○ We have documented **what issues were identified** for implementing the Sustainable Development Goals (SDGs).

【概念的文体】

○ We have documented **the issues identified** for implementing the Sustainable Development Goals (SDGs).

動詞を活かしたwhat issues were identifiedと名詞を活かしたthe issues identifiedの両方で表現できます。

プログラミングを学ぶことによって，意図する一連の動作を実現するためにどのような動きを組み合わせる必要があり，その動きをもたらすためにどの記号を組み合わせればよいのかを判断する力がつく。

【説明的文体】

○ Learning computer programming allows you to acquire the skill of determining **what movements need to be combined** to achieve a series of intended actions and **which signs are to be combined** to cause these movements.

動詞need, combineを使って「動き」を出しています。口頭表現に近いメールや，優しく語りかける口調のユーザー向け技術資料などで使用することができます。このように，元に和文が「説明的文体」であっても「概念的文体」であっても，英文で適切なほうを選択できるようにしましょう。

【概念的文体】
○ Learning computer programming allows you to acquire the skill of determining **a combination of movements needed** to achieve a series of intended actions and **a combination of signs** to cause these movements.

名詞句a combination of movements needed…とa combination of signsを活用して効率的に表現しており，少ない語数で読み手に情報が早く伝わります。各種技術文書で使用できます。

【名詞節と名詞句】のまとめ

- 間接疑問文による名詞節は，動詞が活きる説明的な表現。一方，名詞を活かした名詞句は，簡潔に情報を入れることができる。
- 名詞節（説明的文体）は，読み手に平易に読ませたい消費者向けの文書，名詞句（概念的文体）は，効率的に読ませたい専門家向けの文書で使用する。

第2項　パラレリズムの実践

5.1節で述べたように，並列する2つ以上の単語，句，節，文をそれぞれ同じ形にそろえて繰り返すことをパラレリズムといいます。先に使用したwhat movements need to be combined to... and which signs are to be combined to...（どのような動きを組み合わせる必要があり，どのように記号を組み合わせればよいのか）のように，節の形をそろえて並べると，文が読みやすくなるだけでなく，心地よい音律を生成し，文の洗練度も高まります。パラレリズムは英語を正しく書くうえでも重要な技法です。もともと英語は細部の厳格さ，明確さを大切にする言葉であるため，パラレリズムも厳密に行います。例文とともに，パラレリズムの実践について説明します。

2.1 単語・句・節・文を並列する

【名詞（句）の並列】

植物工場では，野菜の種をまくためのパレット，パレットを運ぶコンベア，野菜を収穫する装置などの機械に費用がかかる。

○ Plant factories bear the costs of **machinery** such as **pallets** to seed vegetables, **conveyors** to transport the pallets, and **devices** to harvest vegetables.

並列された語句がすべて「名詞＋to不定詞」という形で統一されているため，並列関係が把握しやすいうえに，良いリズムが生成されています。

○ Plant factories bear machinery **costs** such as **the costs** for pallets to seed vegetables, conveyors to transport the pallets, and devices to harvest vegetables.

× Plant factories require machinery **costs** such as **pallets** to seed vegetables, **conveyors** to transport the pallets, and **devices** to harvest vegetables.

machinery costs（機械類の費用）とthe costs for pallets..., conveyors..., and devices...（パレット・コンベア・装置の費用）を並列にする必要があり，machine costsとpallets, conveyors, devicesは等価ではないため，並べるのは不適です。

石炭による発電は，風力や太陽光などの再生可能エネルギーによる発電よりも生成される排出物が多い。

○ **Generating electricity from** coal produces more emissions than **generating electricity from** renewable sources such as wind and solar power.

× **Generating electricity from** coal produces more emissions than **renewable sources** such as wind and solar power.

generating electricity from coal（石炭による発電）とgenerating electricity from renewable sources（再生可能エネルギーによる発電）を同じ形で並べます。generating electricity from coalとrenewable sourcesを並べるのは不適です。

【副詞句の並列】

既存の資源は，入手性を高め，新しい用途を見つけることによって最大限に活用する必要がある。
○ The existing resources must be maximized **by increasing** access to the resources **and by identifying** their new uses.

後半でbyを繰り返し，動名詞の形をそろえることで，2つの方法が存在していることを明示できます。しかし，次のように表現が異なると，読み手に負担を強います。

The existing resources must be maximized **with increased access** to the resources **and by identifying** their new uses.

【節の並列】

ホットメルト接着剤は，常温では固体であるが，加熱すると液状化し，冷却すると固化して結晶化する。
○ Hot-melt adhesives, which are solid at room temperature, liquefy **when heated** and solidify and crystallize **when cooled**.

when＋過去分詞という形にそろえることにより，並列関係を明確に伝えることができます。whenの後には本来they areが入りますが，主語hot-melt adhesivesと同じなので省略しています。

次のように表現を意味なく変更すると，読み手に負担を強います。

Hot-melt adhesives, which are solid at room temperature, liquefy **upon heating** and solidify and crystallize **when cooled**.

【文の並列】

メカノケミカル（MC）処理は，粉砕処理と似てはいるが異なる。
○ Mechanochemical (MC) treatment **is similar to** but **is different from** pulverization.

be動詞＋形容詞＋前置詞という形にそろっていることで，主語を共有する2つの文が並列の関係であることが明確に伝わります。次の○の英文は，×の英文のように直訳するよりも読みやすく，洗練されています。

> 半導体は，低温では絶縁体として機能するが，温度が上昇すると導体になる。
> ○ Semiconductors **act as insulators at low temperatures** and **act as conductors at higher temperatures**.
> × Semiconductors act as insulators at low temperatures. However, as the temperature rises, they become conductors.

> 左脳は身体の右半分を制御し，論理思考や言語機能を司る。一方，右脳は身体の左半分を制御し，抽象思考や空間定位を司る。
> ○ The left **hemisphere of the brain controls** the right **side of the body, dealing with** logical thought and linguistic functions. The right **hemisphere of the brain controls** the left **side of the body, dealing with** abstract thought and spatial orientation.

韻を踏んで同じ表現を恐れずに繰り返します。2文の形を厳密にそろえることで，日本語の「一方,」に相応するOn the other hand, や In contrast, といった追加のつなぎ言葉も不要となります。

2.2 対比の表現

2つの異なる情報がパラレルな形でそろっていれば，2つの情報が1組になって読み手に伝わるため，対比を表す場合にも有効です。

【接続詞whereasで対比する】

> 人工知能とは，機械学習よりも広い概念であって，人間の思考能力や行動を擬似的に再現できる知的な機械を作るものである。一方，機械学習は，人工知能の下位概念であり，機械を明示的にプログラムしなくてもその機械がデータから学習できるようにするものである。
> ○ Artificial intelligence (AI) is a broader concept than machine learning to create intelligent machines that can simulate human thinking capability and

behavior, **whereas** machine learning is a subset of AI that allows machines to learn from data without being programmed explicitly.

従属接続詞whereasで2文をつなぎます。whileも同じように使えますが，時間的意味が強いため，対比を表すためにはwhereasを使うのが明確です。

対比を表す方法は他にもあります。

【前置詞unlikeで対比する】

バックプレーンとは異なり，マザーボードには，中央演算処理装置，入出力端子，メモリコントローラ，インタフェースコネクターなど，重要なサブシステムが搭載されているのが典型的である。
○ **Unlike** a backplane, a motherboard typically contains important subsystems such as a central processor, input and output terminals, a memory controller, and interface connectors.

「～とは異なる」を表す前置詞unlikeを使って「マザーボード」と「バックプレーン」を対比させています。unlikeは前置詞なので，後ろには名詞を置きます。

【独立した文を同じ形で並べて対比する】

蒸留とは，揮発性の違いに基づいて物質を分離することである。精製プロセスの最初の工程であり，接触分解（クラッキング）と改質の前に行われる。クラッキングでは，重い分子を分解して軽い炭化水素に変換する。改質では，炭化水素の化学的性質を変化させて所望の物理的特性を実現する。
○ **Distillation involves** separating materials based on differences in their volatility. This is the first step in the refining process, before cracking and reforming. **Cracking involves** breaking up heavy molecules into lighter hydrocarbons. **Reforming involves** changing the chemical nature of hydrocarbons to achieve desired physical properties.

形をそろえた複数文を並べます。対比の言葉を使わなくても，自然に対比を表すことができます。

【セミコロンで関連づけて対比する】

> 火力発電所では化石燃料を燃やして二酸化炭素を生成するが，原子力発電所は空気汚染がはるかに少なく，稼働中に二酸化炭素を生成することもない。
> ○ Thermal power plants burn fossil fuels and produce carbon dioxide**;** nuclear power plants produce far less air pollution and produce no carbon dioxide during operation.

セミコロンは，関連する2文を，1文目のピリオドに変えてゆるくつなぐ役割があります。

ほかにも，従属接続詞althoughと等位接続詞butで対比が表されることがあります。従属接続詞althoughでは，情報の重みが主節の「原子力発電所」にあります。等位接続詞butは「等位」とあるように等しい重みで並べますが，他の等位接続詞andと比べると，逆接によってbutの後ろの「原子力発電所」が強調されます。

> ○ **Although** thermal power plants burn fossil fuels and produce carbon dioxide, nuclear power plants produce far less air pollution and produce no carbon dioxide during operation.
>
> ○ Thermal power plants burn fossil fuels and produce carbon dioxide, **but** nuclear power plants produce far less air pollution and produce no carbon dioxide during operation.

いずれの場合も，対比させる部分どうしの形をそろえることで読みやすくなります。

> **【パラレリズムの実践】のまとめ**
> - 単語，句，節，文をそれぞれ同じ形にそろえて並列することで，読みやすさが増す。
> - unlikeやwhereasを活用することで，対比を効果的に表すこともできる。

ニュースで耳にする動詞を活かした名詞節―The beauty of English

間接疑問文の動詞を活かした名詞節（説明的文体）は，口頭表現で頻出します。難解な単語を使わずにかみ砕いた丁寧な説明で話を進められる表現です。

技術文書の読み手なら，専門家であることが予測でき，そのような読み手にとって，専門用語は逆に平易に感じる可能性があります。例えば「起源」を表すthe originは，専門家であれば誰でも知っている単語でしょうし，視覚的に目に入れば，日本語でいうところの漢字と似た効果で読み手の理解を推し進める可能性が高いでしょう。ところが話し言葉では，耳から入る情報がthe origin of __で素早く話が流れると，会話の相手やニュースの視聴者は内容についていくのが難しいかもしれません。しかし，how ___ has startedであれば，誰でも知っている単語startが聞き取りやすいことに加え，動詞の箇所に時制も入るという親切さから上手く聞き進めることができるでしょう。

日常的に英語で海外のニュースを見ていると，動詞を活かしたこのような名詞節が頻出することに気づきます。

The hope is it will answer some of our biggest questions revealing **how stars are born and how they die** and showing us other planetary systems to see whether life could exist on worlds beyond our own.

（Nasa's James Webb telescope takes super sharp view of early universe - BBC News（2022/07/12）1:40-1:54 https://www.youtube.com/watch?v=spoeRobCOZg）

NASA（アメリカ航空宇宙局）のジェイムズ・ウェッブ宇宙望遠鏡から宇宙の画像が届いた，というニュースの一節です。「ジェイムズ・ウェッブ宇宙望遠鏡によって，我々にとって最大級の疑問に答えが出ることが期待されている。**星がどのように誕生し，どのように死にゆくのか**，が明らかになるかもしれない…」

how starts are born and how they dieは，名詞節**the birth and death of**

starsと同義ですが，あえて動詞を使い，かみ砕いて表現していることで，ゆっくりと聞き取ることができて理解しやすく，表現を味わうこともできました。

次にニュース中のカジュアルな会話から。

質問：Did you think you would ever see something like that?

応答：I hoped not to, but we are **where we are**.

（Great Salt Lake dry-up causing dangerous climate ripple effect, ecologists say l ABCNL（2022/07/19）2:06-2:12）

「米国ユタ州のグレートソルト湖が一部干上がっている」というニュースの登場人物どうしの会話から。「こんな状況になると想像しましたか」という問いに，「ならないことを願っていたが，このような状況になってしまった」と答えています。but we are where we areで「しかし，私たちが今いるところに私たちがいる」という意味です。but we are in this situation. などとは声のトーンが異なります。

最後にサイエンスニュースからもう1つ。

It (a black hole) explains **where we came from**. It will explain **where we're going to**.

（Supermassive black hole in Milky Way pictured for first time - BBC News（2022/05/13）1:20-1:24 https://www.youtube.com/watch?v=SVxE6F6REyE&list=PLUnAaHeCSN3OFoNZinKf2VGKzTlGEqwpv&index=3）

「ブラックホールの画像が得られた」というニュースの中で，「ブラックホールによって，**私たちがどこからやってきて，これからどこに向かうのか**がわかる」という一節がありました。It explainsとIt will explain，where we came fromとwhere we're going toという時制の対比も使われており，きれいなパラレリズムも見つけることができました。動詞を活かした名詞節ならではの血が通った英語表現です。**where we came from, where we're going to**は名詞句に変更しづらく，our origin and our futureなどとすると時制の感覚も失われ，つまらない表現になってしまいます。

筆者は普段，英語論文や英文特許明細書といった固い技術文書を扱うことが多いため，動詞を活かした名詞節（説明的文体）よりも，名詞を活かした名詞句（概念的文体）のほうを多く使います。そのせいか，日常生活の中で，英語本来の姿であるこのような動詞表現に出会うたびに，英語表現の豊かさ，美しさに魅了されています。

第6章

誤解を生まない語順

「～は，～である」や「～は，～する」など，主語と動詞を1つだけ含む単文を書いているときに，読み手に誤解を与える心配はほとんどありません。しかし，技術的な内容について書くときには，「～は，～である～を～する」や「～が～することによって～が起こる」など，主語と動詞が織り重なった比較的長い文が使われます。

文が長くなると，文節間の係り受けがわかりにくくなり，読み手に誤解をもたらしてしまう可能性がどうしても高まります。日本語はその構造上，このような問題が起こりやすいため，語順と読点の使い方に注意が必要です。

それに対し，英語は語順が厳格であり，修飾語句の位置も文法的に定まっていることがほとんどですが，強調や係り受けの明確化のために，ときには前置詞や分詞，関係代名詞の使い方に工夫が必要です。

本章では，内容を相手に正確に伝えるための修辞技法を学びます。

6.1節　複数の解釈を生まないように句や節を配置する　日本語

英語は，多少の例外はあるものの，おおむね主語ではじまり，次に動詞，その後に目的語や補語という語順を踏襲します。それに対して日本語は，英語よりもはるかに語順の柔軟性が高い言語です。その特性は，便利である一方で，思わぬ弊害をもたらすこともあります。そこで本節では，語順の柔軟性が高いがゆえに生じ得る問題を例示したうえで，その問題を回避して明瞭な文を書く方法を紹介します。

最初に紹介するのは，語順が悪いために判読しにくい文の一例です。

> Live streaming refers to transferring recorded content in real time over the internet.
> △ ライブストリーミングとは，インターネットを介してリアルタイムで記録されたコンテンツを転送することです。

英文は平易かつ明瞭で，誤解の余地がほぼありませんが，対応する和文は，修飾関係が曖昧で文意が不明瞭な悪文です。「インターネットを介して」と「リアルタイムで」という2つの副詞と，「記録された」と「転送する」という2つの動詞の修飾関係が実に不明瞭で，少なくとも次の3通りの解釈が可能です。

■解釈1
ライブストリーミングとは，［インターネットを介してリアルタイムで記録されたコンテンツ］を転送することです。
■解釈2
ライブストリーミングとは，インターネットを介して［リアルタイムで記録されたコンテンツを］転送することです。
■解釈3
ライブストリーミングとは，インターネットを介してリアルタイムで［記録されたコンテンツを］転送することです。

英文を見れば，解釈3が正しいことは明白ですが，日本語は，語順をよく吟味しないと，幾通りにも解釈できる曖昧模糊とした文ができてしまいます。特に翻訳の場合，翻訳者は原文を見ており，自分の頭の中では文意が明瞭なので，自分の訳した文が誤解を招くということをなかなか想像できません。

このような問題を避けるためには，最適な語順を理解することが不可欠です。この訳文を最適化した次の2文を見てください。

○ ライブストリーミングとは，記録されたコンテンツをインターネットを介してリアルタイムで転送することです。

音律にやや難がありますが，文意は明瞭です。この文を見ると，日本語は語順の柔軟性が高いことを改めて確認できます。

○ ライブストリーミングとは，インターネットを介してリアルタイムで，記録されたコンテンツを転送することです。

「リアルタイムで」という文節の後に読点を入れることにより，二重解釈の問題が解消されています。この例に示すとおり，語順を最適化するためには，読点の用法に関する知識も欠かせないことから，読点の用法も併せて解説します。

第1項　句と節の配置順序

1.1　節→句の順に配置する

「節」とは，主語と動詞を含む意味単位のことで，「句」とは，2語以上で構成され，主語と動詞の関係を含まない意味単位のことです。

Being familiar in advance with the standars set by the International Standards Organization (ISO) is of great help in preventing product inspection errors.
△ 事前に国際標準化機構が定めた規格を把握しておくことは，誤検品を防ぐうえで大いに役立つ。

本章冒頭の例文と同様，副詞と動詞の修飾関係が曖昧で，「事前に定めた規格」なのか，「事前に把握しておくこと」なのかを読み手に考えさせてしまいます。原文はこの点が明瞭ですから，この和文は悪文です。

問題点を明らかにし，改善方法を提示するために，この和文の主語における修飾関係を図式化してみます。

【修飾関係】

事前に（句）→ 把握しておくことは，
国際標準化機構が定めた規格を（節）→ 把握しておくことは，

検品を防ぐうえで大いに役立つ。

「把握しておく」に係る2つの文節は，一方が句であるのに対し，もう一方は節です。このように，句と節の両方が1つの語句を修飾している構造においては，次に示すとおり，節を先に配置することによって文意が明瞭になります。

○ 国際標準化機構が定めた規格を事前に把握しておくことは，誤検品を防ぐうえで大いに役立つ。

複数の修飾文節の配列を，このように形や長さに基づいて決定できると解いたのは，元朝日新聞記者で作家の本多勝一氏です。同氏は，1976年に上梓した『日本語の作文技術』の中で，複数の修飾文節をこのように「節→句」の順に並べた状態を「**正順**」と称し，その反対（句→節）を「**逆順**」と称しています。同書に詳述された手法は，内容や文脈を考慮する必要がなく，誰もが同じように適用できる画期的なものですが，最初から日本語で書き起こすことを前提としています。そこで本章では，その用語と考え方をできるだけ忠実に踏襲しつつ，筆者の翻訳経験を反映して，この技法が活かしやすい英文の形を併せて紹介することにより，英日翻訳に応用します。

上の例文が示すとおり，修飾語句が正順に配列された文は非常に明瞭ではあるものの，前後の文脈によっては，「事前に」で書き出したほうが良い場合もあります。このように，文脈などを理由に句→節の順，つまり逆順で修飾語句を配置したい場合には，次に示すとおり，2つの文節の間に読点を入れることにより，修飾関係が曖昧になるのを避けることができます。

○ 事前に，国際標準化機構が定めた規格を把握しておくことは，誤検品を防ぐうえで大いに役立つ。

このように，句や節を逆順に配置した場合に入れる読点を，「**逆順の読点**」と称します。

1.2 長文節→短文節の順に配置する

This mobile IP phone enables a high-quality and stable call that complies with 54 Mb/s standards.
△ この携帯型IP電話機なら，高音質で安定した毎秒54メガビットの規格に準拠した通話が可能となる。

とても明瞭な英文ですが，この訳文は，「高音質で安定した通話」なのか，「高音質で安定した規格」なのかがやや曖昧です。こちらも同じように修飾関係を図式化してみます。

【修飾関係】

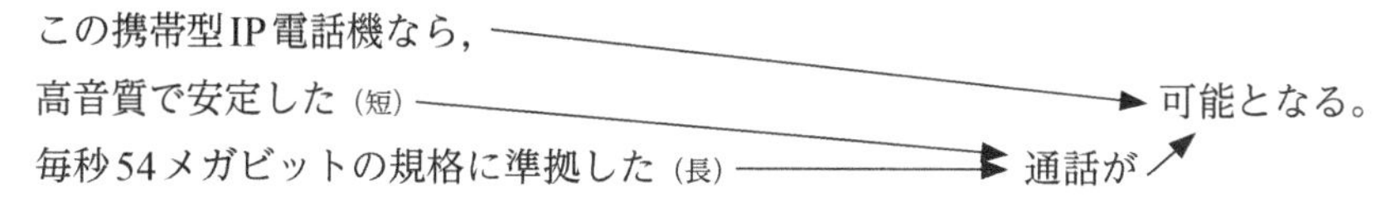

1.1の例文とは異なり，「通話」を修飾する2つの文節がどちらも「句」ですが，長さに大きな違いがあります。このように，修飾句の長さに明確な違いがある場合には，次に示すように長→短の順に配列します。

○ この携帯型IP電話機なら，毎秒54メガビットの規格に準拠した高音質で安定した通話が可能となる。

「高音質で安定した通話」という名詞ができ，誤解の余地がなくなりました。この「長文節→短文節」の配置順も同じく「正順」と称し，「短文節→長文節」の配置順を「逆順」と称します。

修飾語句をこのように「正順」で並べることを心得ておくと，次に示すような問題も回避することができます。「通常」という言葉に注目してください。

Impact drivers do not normally have the ability to switch the rotational speed.
△ インパクトドライバーは通常回転速度を切り替える機能を備えていません。

英文のnormally（通常）がdo not have（備えていない）を修飾していることは明らかですが，和文を見ると，「通常回転速度」という名詞が形成されており，本来の修飾関係が上手く反映されていません。この文を文節ごとに切り分けて修飾関係を図式化すると，次のようになります。

【修飾関係】

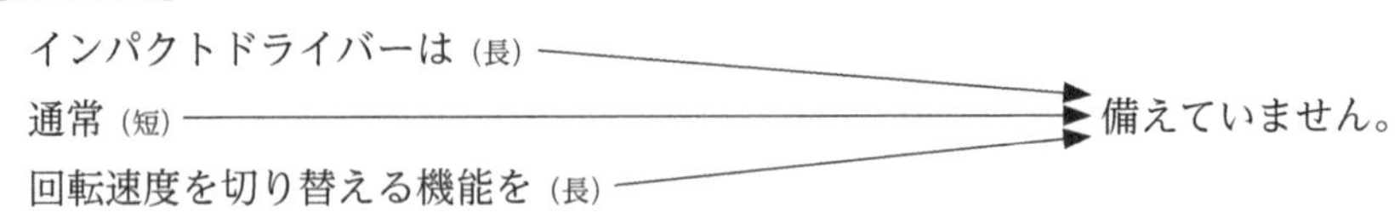

「通常」と「回転速度を切り替える機能を」との間が逆順になっていることが確認できます。「通常」，「直接」，「現在」，「今後」など，漢字のみで表される副詞は，直後に漢字語句がくると，そちらと結びついてしまう性質があり，副詞として機能しにくいという問題が生じますが，正順配列により，この問題を回避することができます。

○ インパクトドライバーは回転速度を切り替える機能を通常備えていません。

別解として，前項で紹介した逆順の読点も有効です。

○ インパクトドライバーは通常，回転速度を切り替える機能を備えていません。

漢字のみで表される副詞は実に厄介な存在で，次のような文だと，正順・逆順の原則もすり抜けてしまいます。

The government supplementary budget bill is usually deliberated in the Diet. △ 政府の補正予算案は通常国会で審議される。

英語ではusually deliberatedという修飾関係ですが，和文では「通常国会」という名詞句が形成されてしまっています。

【修飾関係】

政府の補正予算は（長）→ 審議される。
通常（短）→ 審議される。
国会で（短）→ 審議される。

上図に示すとおり,「通常」と「国会で」という2つの文節はどちらも短いので,「逆順の読点」が機能しません。このような状況で文節の区切りをはっきりさせるために入れる次のような読点を**「明確化の読点」**と称します。

○ 政府の補正予算案は通常，国会で審議される。

しかし，執筆や翻訳に没頭していると，頭の中は内容のことでいっぱいなので，このような問題になかなか気づきません。そこで筆者は，現実的な対応策として，漢字のみで表される副詞を極力使わないように気をつけており，例えば「通常」であれば，次に示すとおり，「～が通例である」という形にして述語化しています。

◎ 政府の補正予算案は国会で審議される**のが通例である。**

「現在」や「今後」については，例えば「現在（今後）は」または「現在（今後）の」という具合に助詞とセットで使い，同じく誤解を招きやすい「直接」についても,「直接的に」や「直に」など，やはり助詞を伴う形にして使うようにしています。

日本語で文章を書き起こす場合も，この方針に基づけば，英訳された場合に誤訳されるリスクを減らすことができます。

1.3　文を入れ子にしない

次に紹介するのは，節が重なり合った複文を作成する際に留意すべき点です。

An alert is provided to the client device so that the operator can confirm whether the data returned by the database is correct.

△ アラートが，オペレータが，データベースによって返されたデータが正しいかどうかを確認できるようにクライアントデバイスに提供される。

原文は，so thatとwhetherという2つの従属接続詞を伴う三重構造の複文で，訳文を見ると，節の中に節があり，三重の入れ子になっているのがわかります。述語が文末に来るという日本語の構造上，文がこのように入れ子になってしまうことは避けられませんが，三重となるとさすがに違和感が拭えませんし，「誰が何をしているのか」を理解するための負担が読み手に重くのしかかります。

まずは修飾関係を図式化して，主語と述語の対応を明らかにします。

【修飾関係】

A）アラートが，B）オペレータが，データベースによって返されたC）データがC'）正しいかどうかをB'）確認できるようにクライアントデバイスにA'）提供される。

A）－A'）節の中にB）－B'）節，さらにその中にC）－C'）節という形で入れ子になっていることが確認できます。このような入れ子の文を読みやすくする方法として最も簡単なのは，入れ子の内側，すなわちC）－C'）節から順に配列していくことです。

○ データベースによって返されたC）データがC'）正しいかどうかをB）オペレータがB'）確認できるように，クライアントデバイスにA）アラートがA'）提供される。

この状態なら，対応する主語と動詞が近接配置されており，やや長い文であるにもかかわらず，読点なしで主述関係を容易に把握することができます。とはいえ，この技法も決して万能ではありません。次の文は，上の英文の冒頭のanがtheに変わったものです。

The alert is provided to the client device so that the operator can confirm whether the data returned by the database is correct.

the alertが主語であるということは，前の文でalertについて何らかの形で言及しており，この文で，そのalertを主題にしてもう一度言及するということを意味します。このような文脈であれば，よほどのことがない限り，日本語でも次のように「このアラートは,」で文を始めることになるはずです。

このアラートは，データベースによって返されたデータが正しいかどうかをオペレータが確認できるようにクライアントデバイスに提供される。

下図に示すとおり，A）とB）が句→節という逆順で並んでいるので，「このアラートは」の後に打たれた読点は「逆順の読点」ということになります。

【修飾関係】

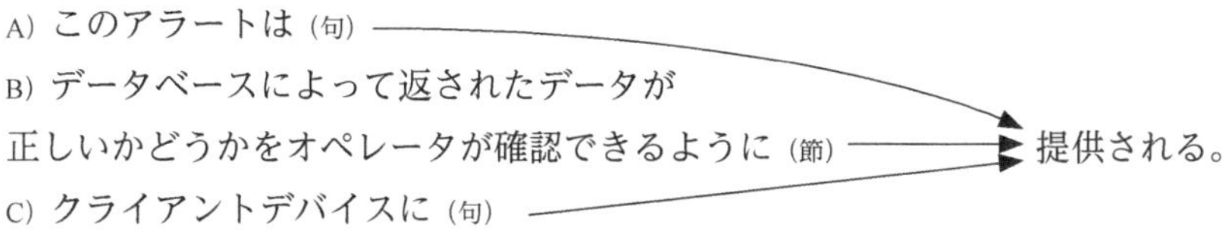

A）このアラートは（句）→ 提供される。
B）データベースによって返されたデータが
正しいかどうかをオペレータが確認できるように（節）→ 提供される。
C）クライアントデバイスに（句）→ 提供される。

1.4　助詞の「に」に比較の「より」を続けない

次に示す例文には，翻訳者が特に注意しなくてはならない要素が含まれています。

> Increasing the update frequency will place more load on the system.
> △ 更新頻度を上げると，システムにより大きな負荷がかかる。

学校英語の影響か，比較級に対して反射的に「より～」と訳してしまう方が後を絶ちませんが，その安易な判断が文意を曖昧にしてしまうことがあります。この英文は,「システムに負荷がかかる」ことを明確に伝えていますが，和文のほうは,「システムにより,（サーバーなどに）負荷がかかる」のか,「システムに負荷がかかる」のかが曖昧です。助詞の「に」に比較の「より」が連なると，読み手が本来の文意とは真逆に解釈してしまう可能性があり，非常に危険です。

このような二重解釈の余地を埋める最も簡単な方法は，読点を使用して,「に」と「より」を切り離すことです。

> ○ 更新頻度を上げると，システムに，より大きな負荷がかかる。

このようにすれば，誤解の余地は確実になくなりますが，読点が多いと感じる人が多いでしょう。少し読み進めただけで一時停止を強いられるこの感覚は，狭い路地裏を車で走っているようで，全然スピードに乗れません。そこで，読点に頼る前に，語順を変えることを検討しましょう。

○ 更新頻度を上げると，より大きな負荷がシステムにかかる。

正順に並べ替えたことにより，誤解される可能性はなくなりましたから，最初の文よりは確実に良いでしょう。しかし，「より大きな」という表現からは，比較級を学んだばかりの中学生による英文和訳のような拙さが感じられます。そこで，洗練度を上げるために，「品詞の変換」によって動詞を案出し，述語化してみましょう。

◎ 更新頻度を上げると，システム // にかかる / への // 負荷が増す。

「より大きな」から「増す」という動詞を導き出せれば，明瞭・簡潔な訳の完成です。

【句と節の配置順序】のまとめ

- 修飾語句が長→短または節→句の順に並んでいる状態を「正順」といい，その反対の状態を「逆順」という。
- 修飾語句は正順が基本だが，文脈上，逆順が避けられない場合には読点を活用する。
- 節が入れ子になった複文はできるだけ避け，内側の節から書く。
- 助詞の「に」と比較の「より」は，互いに離すか，「より～」の句を動詞化する。

第2項　読点に関する注意点

読点を使いすぎない

「逆順の読点」と「明確化の読点」は，入れないと文意が曖昧になる不可欠な読点ですが，次に紹介する「強調の読点」は，あくまでも筆者の判断で入れる任意の読点です。

A Japanese athlete stands on the podium in the 100-meter sprint at the Olympics—we can now seriously hold such a dream.
オリンピックの100メートル走で日本人選手が表彰台に上る。そんな夢を，本気で抱けるようになった。

「そんな夢を本気で見られるようになった」でもまったく問題ありませんが，読点の存在によって「夢」という言葉が強調され，「日本人選手が表彰台に上る」という書き手の悲願がじわっと伝わってきます。効果的な読点の使い方です。

この読点を，右隣りの文節にずらしてみましょう。

オリンピックの100メートル走で日本人選手が表彰台に上る。そんな夢を本気で，抱けるようになった。

今度は「本気で」という言葉が強調されます。かつてはただの夢物語でしかなかった日本人選手のメダル獲得が現実味を帯びてきていることに対する書き手の感慨が伝わってきます。これらが強調の読点です。

強調の読点は，その性質上，「ここぞ」という箇所で思いを込めて使うことによって初めて機能するわけですが，世の中には読点を多用する人がいます。次の文は，筆者の自宅近くにあるスーパーのアルミ缶回収ボックスについていた貼り紙の文面です。

×「アルミ缶は，中をゆすいでから，回収ボックスに，入れてください。」

ここまで多用されると，読点はもはや通読を妨げるブレーキにしかなりません。

先の文に対して同じように読点を入れてみます。

× オリンピックの100メートル走で，日本人選手が，表彰台に上るという夢を，本気で，抱けるようになった。

表彰台に上るどころか，果たしてゴールに辿り着けるのだろうかという不安に駆られます。これは極端な例ですが，このように読点を使いすぎると，強調の読点が埋もれてしまい，機能不全に陥ります。安易に読点に頼るべきでないと述べましたが，その理由が，この強調の読点です。強調の読点が有効に機能するには，文章中の読点が全体的に少ないことが必須条件なのです。

なお，強調の読点は，このように純粋に強調のみを目的とする場合だけでなく，他の用法と兼ねる場合もあります。

> Singapore is trying to capture demand from growth sectors through various measures such as subsidies and tax benefits.
> ○ 補助金や税制優遇といったさまざまな施策を通じてシンガポールは成長分野の需要を取り込もうとしている。

【修飾関係】

補助金や税制優遇といったさまざまな施策を通じて（長）→
シンガポールは（短）→ 取り込もうとしている。
成長分野の需要を（短）→

述語である「取り込もうとしている」に対する修飾語句が，上図に示すとおり正順に並んでいるので，読点がなくても修飾関係は明瞭であり，文として成立しています。

> ○ シンガポールは，補助金や税制優遇といったさまざまな施策を通じて成長分野の需要を取り込もうとしている。

この文では最初の2文節が逆順になっていますから，この読点は「逆順の読点」であるわけですが，「シンガポール」を主題として強く提示する効果も同時に生み出しています。すなわち，「今からシンガポールの話をしますよ」というメッセージを読者に伝え，その心構えを促しているということです。「～は」の後の読点は，あまり深く考えずになんとなく入れている人が多いと思いますが，実は，主題を強調したり修飾関係を明瞭にしたりする役割を果たしているのです。

> **【読点に関する注意点】のまとめ**
> ● 強調の読点を活かすために，読点の使用はできるだけ控える。

More Teachings

「より」よりもより良い（!?）表現

本節で説明したとおり，「より」という言葉は意味と用法が多様です。「先日より」など，起点を表す「～から」の意味で使うこともあれば，「より大きい」という比較の用法もあります。また，「台風によ（因）り」は原因・理由を表しますし，「この発明によ（依）り」は手段を表し，「研究データによ（拠）り」は根拠を表します。さまざまな意味・用法の「より」が混ざると，次のようなことにもなりかねません。

■この車種は，前回の大幅なモデルチェンジ**より**，**より**短いホイールベースを採用しているが，ホイールベースの短縮に**より**，走行時の安定性が**より**低下しがちである。そのため，最新モデルでは，後部座席を**より**後方に，エンジンをシャシの**より**中央**より**に配置すること**より**，**より**高い安定性を実現している。

このような事態を避けるために，筆者自身は，「依り」のときに限って「より」を使用し，他の意味・用法は可能な限り別の表現に置きかえることにしています。この原則を上の文に適用してみます。

■この車種は，前回の大幅なモデルチェンジ**以降**，短いホイールベースを採用しているが，ホイールベースを短縮**すると**，走行時の安定性が低下しがちである。そのため，最新モデルでは，後部座席を後方**に移し**，エンジンをシャシの中央**寄り**に配置することに**より**，安定性を**高めて**いる。

比較の「より」は，文脈によっては削ってしまってかまいませんし，本節でも言及した動詞化も有効です。この2点を心得ておくだけでも，「より」の使用回数を減らせるはずです。

6.2節　誤解なく情報を足す文法項目を学ぶ　英語

英文で修飾関係を明瞭化するためには，まずは平易な文構造を使うことが大切です。主語で開始し，次に動詞，続けて必要に応じて目的語や補語を配置する最小限の単語数で文を構成していれば，修飾関係が不明瞭になることはほとんどありません。ところが，技術文書では，「AはBである」や「AがBをする」だけでは情報が不足し，「Aは【CをするB】である」や「AがBをすることによって，Cが起こる」などと1文に多くの内容を含めたい場合があります。そこで本節では，情報を足す文法項目である前置詞・分詞・関係代名詞・to不定詞の特徴と効果的な使い方を説明します。

第1項　前置詞・分詞・関係代名詞・to不定詞

1.1　「名詞」に説明を加える

次の文をベースにして，前置詞，分詞，関係代名詞の順でそれぞれの特徴を説明したうえで，to不定詞にも触れます。

> 機械部品に堆積した粉塵類はエアブラストによって除去するのがよい。
> Dust and other particles should be removed by air blasting.

それぞれの表現の特徴は，次のように整理できます。

【前置詞】名詞との関係を視覚的に表す。単体で誤解なく表せる場合には前置詞の使用を検討する。

【分詞】現在分詞ingで能動，過去分詞ed（不規則変化もあり）で受動の意味を加える。動詞由来の「動き」が示される。

【関係代名詞】名詞に説明文を加える。動詞が入り，長い修飾や時制を明示した修飾を加えられる。

【to不定詞】「この先起こる」こととして表す。前置詞・分詞・関係代名詞とは，使用する文脈が異なる場合が多い。

粉塵類（dust and other particles）に対して，「機械部品に堆積した」という情報を加えてみましょう。

機械部品に堆積した粉塵類をエアブラストによって除去するのがよい。

【前置詞の特徴】

○ Dust and other particles **on the machinery** should be removed by air blasting.

前置詞には，名詞と他の単語との関係を視覚的に見せる役割があります。そこに動きは存在せず，前置詞の種類によっては静的な関係が表されます。例えばonは，何かに軽く押しつけられ，接触している様子を表します。この文脈では，前置詞onだけで「堆積している」という状況を明確に表すことができます。

このように，動作を入れずに前置詞だけで修飾が可能であれば，そのほうが簡潔に表現できます。

【現在分詞と過去分詞の特徴】

○ Dust and other particles **accumulating on the machinery** should be removed by air blasting.
○ Dust and other particles **accumulated on the machinery** should be removed by air blasting.

現在分詞と過去分詞は，動詞の形を変えて形容詞として働かせるもので（p.119参照），元の動詞の意味を残しながら名詞を前または後ろから修飾します。現在分詞は能動の意味，過去分詞は主に受動の意味で説明を加えます。動詞accumulate（蓄積する）は，自動詞と他動詞のいずれの使い方も可能なので，現在分詞，過去分詞のいずれの形も可能です。分詞による修飾は，元になった動詞が表す動作の意味が残ります。動きを示すことで臨場感を出したい場合や，動きを利用して係り先を明確にしたい場合に活用します。

例として，情報を増やした「**研磨作業中に**機械に堆積した粉塵類を，エアブラストによって除去するのがよい」という文を考えてみましょう。前置詞だけを使ったdust and other particles **on the machinery during grinding**という名詞句だと，修飾関係が読み取りづらいため，「堆積した」という動作を表す現在分詞を追加します。続いて説明する関係代名詞も有効です。

○ Dust and other particles **accumulating on the machinery during grinding** should be removed by air blasting.

現在分詞で動作を加えることで「研磨作業中に堆積した」という関係が読み取りやすくなります。

○ Dust and other particles **that have accumulated on the machinery during grinding** should be removed by air blasting.

「関係代名詞」で動作を加え，さらに時制も明確にすることで，「研磨作業中に堆積した」という関係がさらに読み取りやすくなります。

【関係代名詞の種類と性質】

○ Dust and other particles **that have accumulated** on the machinery should be removed by air blasting.

関係代名詞は2文を1文にまとめるはたらきをします。上記の例文は，次の2文の共通項であるdust and other particlesを，2文を「関係」づける「代名詞」に置きかえてつないだものです。

関係代名詞の使い方：共通項を関係代名詞に置きかえてつなぐ。その際，文のメインの情報を外側にする。

Dust and other particles should be removed by air blasting.
こちらがメインの情報
Dust and other particles have accumulated on the machinery.
こちらはdust and other particlesの説明
→共通部分であるdust and other particlesを関係代名詞に置きかえてつなぐ。
Dust and other particles that have accumulated on the machinery should be removed by air blasting.

主語を置きかえたため，主格の関係代名詞と呼ばれます。コンマを使わない主格の関係代名詞は限定用法とよばれ，先行詞にとって必須の説明を加えます。この用法では，whichではなくthatを使います*。それに対し，コンマを使う関係代名詞「, which」は非限定用法とよばれ，先行詞にとって補足的な説明を加えます。

関係代名詞は，その性質上，必ず「動詞」を伴うため，時制を明示することができます。文脈によっては次のように助動詞を追加することもできます。

○ Dust and other particles **that may accumulate on the machinery** should be removed by air blasting.
機械に粉塵類が堆積することがあるため，エアブラストによって除去するのがよい。

また，動詞で読み手の目が止まるため，修飾節が多少長くても明瞭性は失われません。

○ Dust and other particles **that have accumulated on the machinery during grinding using an abrasive material such as diamond** should be removed by air blasting.
ダイヤモンドなどの研磨材を使用した研磨工程で機械に堆積した粉塵類は，エアブラストによって除去するのがよい。

前置詞，分詞，関係代名詞は同じ文脈で使用できますが，to不定詞は，「この先起こること」を表す性質があることから，使用できる文脈が若干異なります。

○ Dust and other particles **to accumulate** on the machinery should be removed by air blasting.
機械に堆積する（であろう）粉塵類は，エアブラストによって除去するのがよい。

---

* A phrase or clause is restrictive when it is necessary to the sense of the sentence; that is, the sentence would become pointless without the phrase or clause. Restrictive clauses are best introduced by "that", not "which".（文脈上必須の句や節は，限定句や限定節とよばれ，その句や節がなければ文意が成り立たないことを意味する。関係詞を使った限定節の導入にはwhichではなくthatを使うのがよい）〔ACS Style Guide, 3rd Edition, p.109〕

1.2　文に説明を加える

前置詞句，分詞句，to不定詞句は，文の主意に対して説明を加えることもできます。前置詞は文頭に配置することで，文の主意に対する条件を表します。文の後半に「for ____」などを配置すれば，「後に起こる動作」を加えることができます。分詞による文への修飾は，「分詞構文」と呼ばれます。to不定詞は，文頭では「目的」，文の後半では「結果的に起こること」を表します。

関係代名詞を使って文全体を修飾することもできますが，推奨はできません。その理由と代替案について説明します。

【前置詞句のはたらき】

文頭で条件を表す

> 半導体を低温にすると，伝導性がわずかまたは皆無となり，絶縁体となる。
> ○ **At low temperatures**, semiconductors have little or no conductivity and act as insulators.

前置詞句を文頭に出すことで，「条件」を表すことができます。アメリカ化学会のACSスタイルガイド*に，「Write economically（無駄を省いて書こう）」という項目があり，推奨する表現の変換例に「in the case of ...」（～の場合には）をやめて「in ...」や「for ...」を使うようすすめている記載があり（Chapter 4: Writing Style and Word Usage, p.54），前置詞句で条件が表せることが示されています。

次のように文中に配置することもできますが，あえて文頭に出すことで，前置詞句が強調され，条件を表していることが伝わりやすくなります。

Semiconductors **at low temperatures** have little or no conductivity and act as insulators.

後半寄りに置いて次の動作を表す

> マクロやスクリプトを使用すれば，多くの作業を自動化できて効率が上がる。
> ○ Macros and scripts can automate many tasks for increased productivity.

---

* The ACS Style Guide: Effective Communication of Scientific Information 3rd Edition (An American Chemical Society Publication), Anne M. Coghill, Lorrin R. Garson, 2006

英語は前から順に情報が伝わるため，後半寄りに配置された情報は，時間的に後に起こることが示唆されています。

次のように接続詞andやto不定詞で表すことも可能ですが，上のように前置詞forを使えば流れ良く読ませることができます。

○ Macros and scripts can automate many tasks **and increase productivity**.
○ Macros and scripts can automate many tasks **to increase productivity**.

【分詞句のはたらき】

文頭の分詞構文

海は地表の約70%を占めていることから，世界の天候や気候を左右する大きな要因である。
○ **Covering about 70% of the earth's surface, the ocean** is a major driver of the world's weather and climate.

文頭の分詞構文は，主節との因果関係を表します。分詞節の意味上の主語は，主節の主語と同じである必要があります。この文では，coveringの意味上の主語が，後ろのthe oceanに一致しています。

The ocean, covering about 70% of the earth's surface, is a major driver of the world's weather and climate.

という文からcovering about 70% of the earth's surfaceという一節を文頭に出して強調した分詞構文です。

文末の分詞構文

この国際ジャーナルは最新の研究トピックを取り扱っており，幅広い読者に読まれている。
○ This international journal covers the latest research topics, **attracting** a wide variety of readers.
= **This international journal** covers the latest research topics. **The journal** attracts a wide variety of readers.

文末の分詞構文は情報を追加します。分詞節の意味上の主語は，前半の主節の主語と一致しているか，前文全体を指す「このこと」という意味のThisである必要があります。後者の例を次に示します。

> 排水によって淡水生態系と沿岸生態系が汚染されており，(このことにより，) 安定した食料供給と安全な飲料水の確保が脅かされている。
> ○ Wastewater contaminates freshwater and coastal ecosystems, **threatening** our food security and access to safe drinking.
> = Wastewater contaminates freshwater and coastal ecosystems. **This threatens** our food security and access to safe drinking.

文末の分詞構文の利点は情報を素早く提供できることです。「このこと」を表すこのようなthisに対して文末の分詞構文を使える文脈では，次のように「前文全体を指す関係代名詞」を使いたくなるかもしれませんが，文末分詞を使うほうが係りが明瞭でおすすめです。

Wastewater contaminates freshwater and coastal ecosystems, **which threatens** our food security and access to safe drinking. (前文全体を指すwhichは控える)

【to不定詞句のはたらき】

文頭で目的を表す

> 感染症を最小限に抑えるために，自宅待機と自己隔離，不要不急の外出を控えることが疾病対策センターによって推奨されている。
> ○ **To minimize** infections, the disease control center recommends that individuals remain at home, self-isolate, and avoid non-essential travel.

文頭のto不定詞句で「目的」を表し，文全体に説明を加えています。

文末で結果を表す

> 大気中で汚染物質が化学反応を起こし，エアロゾルが生成される。
> ○ Pollutants undergo chemical reactions in the atmosphere **to create** aerosols.

後ろに置くと，「結果（的に起こり得ること）」を表します。文頭，文末のいずれに置くto不定詞も，「この先起こること」を表します。

【関係代名詞で因果関係を表す】

関係代名詞の中でも特に限定用法は，必須の情報として読ませることができて便利な場合があります。因果関係をbecauseを使わずに表すこともできます。

> 多結晶ソーラーパネルは，安価で耐久性に優れているため，多くの家庭で使用されている。
> ○ Many homeowners use polycrystalline solar panels that are inexpensive and durable.

関係代名詞の非限定用法で名詞に情報を付け足すことで，

Many homeowners use polycrystalline solar panels because they are inexpensive and durable.

よりも短く表現できます。

【関係代名詞の係りに注意】

関係代名詞を適切に使うために，「係り先が明確であること」に気をつけましょう。特に非限定用法である「, which」を使う際に，先にも触れたように，前の文全体を指したり，離れた単語を指したりすると，係り先が不明瞭になってしまうことがあります。

> 核分裂とは，大きな原子核が中性子と衝突して崩壊することである。他の中性子が放出され，新たな核分裂を引き起こす。
> × Nuclear fission is the disintegration of a large nucleus after a collision with a neutron. Other neutrons are released, **which in turn trigger** new fissions.

この文では，非限定用法の関係代名詞である「, which」の直前に説明先の先行詞が明示されていません。関係代名詞でつなぐ前の2つの文が

Other neutrons are released. **These neutrons** in turn trigger new fissions.

（これら中性子が新たな核分裂を起こす）

または

Other neutrons are released. **This** in turn triggers new fissions.
（このことにより，新たな核分裂が起こる）
であることがよりわかりやすくなるよう，次のブラッシュアップが可能です。

ブラッシュアップ1：係り先を関係代名詞の直前に置く

○ Nuclear fission is the disintegration of a large nucleus after a collision with a neutron. This process releases **other neutrons, which** in turn trigger new fissions.（whichが直前の単語other neutronsを修飾するよう変更する）

ブラッシュアップ2：文を区切るか，文末の分詞構文にする

○ Nuclear fission is the disintegration of a large nucleus after a collision with a neutron. Other neutrons are released. **This in turn triggers** new fissions.（文を区切る）
○ Nuclear fission is the disintegration of a large nucleus after a collision with a neutron. Other neutrons are released, **in turn triggering** new fissions.（文末に分詞を配置する）

【前置詞・分詞・関係代名詞・to不定詞】のまとめ

- 前置詞句は，単体で名詞を修飾できる場合がある。係り先を明確にするために「動き」が必要であれば分詞または関係代名詞を使う。関係代名詞は動詞を伴い，長い修飾も可能。
- 前置詞句を文頭に配置すると，条件を表す。分詞句は文頭または文末に配置できる。to不定詞は，文頭で目的を表し，文末で結果を示唆するが，いずれも「この先起こること」として伝える。
- 関係代名詞は係り先を明確にして使う。文全体に係る関係代名詞は不明瞭なため控え，文を区切る，係り先を明瞭にする，文末の分詞句とする，のいずれかにする。

第2項　従属接続詞による複文構造の活用

主語と動詞を1セットのみ使う単文が最も平易で有効であることはお伝えしてきたとおりですが，伝えるべき情報が多くなった場合には，従属接続詞を使った複文も必要に応じて活用します。主語と動詞を2セット使用する従属接続詞を使った複文では，主節と従属節でメイン情報とサブ情報を明示しながら表せるため，長くても読みやすいという利点があります。whenやalthough, because, if, beforeやafterといった接続詞を状況に応じて使い分けます。

2.1　因果関係を表す

【whenで表す】

whenは，「～するとき」という時間的な意味が基本ですが，日本語が必ずしも「～であるとき」でなくてもwhenが使えることは少なくありません。技術文書では，具体的な記載内容が，基本的には因果関係を自然に示してくれるためです。

妊婦がカフェインの摂取量を1日あたり300 mg以下に制限することにより，流産や死産のリスクを最小化できる可能性がある。
△ Pregnant woman may be able to minimize the risk of miscarriage or stillbirth by limiting their caffeine intake to 300 mg per day or less.

このようにpregnant women（妊婦）を主語にして表現することもできますが，内容が直接的に響くことを控えたい場合には，次のようにwhenを使って，主節の情報を目立たせつつ，因果関係をソフトに表現することもできます。

○ The risk of miscarriage or stillbirth appears minimal **when** pregnant women limit their caffeine intake to 300 mg per day or less.

自然に起こる出来事や現象を説明する場合には，「主語form(s)/occur(s) when...」という定番表現が便利です。

虹が出るのは，太陽光が水滴を通過して，人間の目に反射するためである。
○ Rainbows **form when** sunlight passes through water droplets and reflects back to human eyes.

治療後にがん細胞が残った場合に腫瘍の遺残が起こる。このがん細胞は，成長し続け，広がり続ける可能性がある。
○ A residual tumor **forms when** cancer cells remain after treatment. These cells can continue to grow and spread.

「場合」という日本語に対応しなくても，従属接続詞whenを使うことで状況を自然に描写することができます。

酸性雨は，工場や自動車，暖房用ボイラーなどから排出される排気ガスと大気中の水分とが接触することで起こる。
○ Acid rain **occurs when** emissions from factories, cars, or heating boilers contact with water in the atmosphere.

技術英語では，「～することで」や「～であるため」という言葉で現象が描写されていても，「～という状況では」や「～の際に」という意味に捉え，whenが使えることが多くあります。

【becauseほかの従属接続詞】

「～のために～が起こる」といった因果関係を表す英語表現は1つではありません。真っ先に思い浮かぶのは接続詞becauseですが，becauseは強い因果関係を表すため，他の表現を使うことも少なくありません。becauseは，コンマを入れて非限定表現として使うことも可能です（コンマによる非限定についてはp.194参照）。ほかには，whenやafterを使って条件節で説明を加えることが可能です。

安全性が未だ確立していないため，妊婦は新療法を受けないほうがよい。
○ Pregnant women should not receive the new medication **because** its safety remains unproven.

becauseは強い因果関係を表します。

○ Pregnant women should not receive the new medication, **because** its safety remains unproven.

becauseの前にコンマを入れると，因果関係が弱まります。

【when】
○ Pregnant women should not receive the medication **when** its safety remains unproven.

前にも説明した通り，whenを使うと，「確立していない状況では,」という条件のニュアンスが出ます。

安全性を証明する臨床試験が妊娠中の女性を対象に行われていないことが判明したため，妊婦は新療法を受けない方がよい。
【after】
○ Pregnant women should not receive the medication **after research shows that clinical trials to prove the safety have not yet been performed on** pregnant women.

afterは，純粋に時間的な「後」を表すだけでなく，このように論理的な意味での「後」を表すこともあります。

2.2　条件や時系列を表す

【起こるかわからない・起こってほしくないことにif】

複文を作る代表的な従属接続詞であるwhenとifの違いは「仮定」の強さです。技術文書では，「起こるかどうかわからない」というニュアンスが出る場合，または「起こってほしくない」状況を表す場合にifを使用します。このifの特徴を把握すると，onlyやevenといった強調語を控えて表すことも可能です。

正しく管理しさえすれば，観光業によって地域社会に恩恵がもたらされ，持続的な収入源となりうる。
○ **If** managed correctly, tourism has the potential to benefit communities and deliver sustainable income.

「管理しさえすれば」という日本語には「管理できない可能性もある」ことが示唆されており，ifを使うことで「管理できない」という望ましくない可能性が存在していることを伝えることができます。**Only when** managed correctlyのようにonlyを使って強調しなくても，同様の意味が表せます。なお，主節と従属節の主語がtourism（観光業）にそろっているため，従属節の主語は省略しました。

> 定期的にバックアップを取ることで，破損・消失した場合でも重要なデータを復元することができる。
> ○ Regular backups will help restore your important data **if** the data is corrupted or lost.

「破損・消失する」という望ましくない状況では，**Even if** the data is corrupt or lostというようにevenを使って強めたくなりますが，if単体で同様の意味を表せます。

【even whenやeven ifの代わりにalthough】

日本語では，技術的な内容を記載するときも強調表現が好まれる傾向がありますが，英語は淡々と客観的に描写するのが基本です。発想を変えてevenを控えることができます。

> AI（人工知能）が人間の能力を超えたとしても，スマート機器がすべての労働者に取って代わることはないだろう。
> △ **Even when** artificial intelligence surpasses human capabilities, smart machines will never replace all human workers.

強調を好まない場合には，althoughに変更して調整します。

> ○ **Although** artificial intelligence may surpass human capabilities, smart machines will never replace all human workers.

逆接を淡々と表すalthoughを使い，節内にmayを入れることで，「～だとしても」というニュアンスを出しました。

【日本語と発想が逆のbefore】

beforeは「～の前」を表しますが，日本語とは逆の発想をすることで，「～の後」の意味で使えることがあります。ここで留意すべきことは，beforeが「サブ」の情報を加える従属接続詞であるという点です。主節，つまりメインの情報が何かを考え，それを前半に配置することで，伝えたい情報を効率的に読み手に届けられます。

必ずプリンターの電源コードを抜いてから，プリントヘッドのクリーニング作業を行ってください。
△ Make sure to clean the print head **after** unplugging the printer.

「抜いてから」を「抜いた後」と考えてafterを使いがちですが，「クリーニング作業を行う」ことに先だって「必ず」実施すべき「電源コードを抜くこと」がメインの情報です。そこで，主節を「電源コードを抜くこと」に決定し，それを前半に配置することで，伝えたい情報が読み手に効率的に届きます。つまり，日本語と逆の発想でbeforeを使うということです。

○ Make sure to unplug the printer **before** cleaning the print head.

もう一つの例です。

外部のユーザーは，プロキシサーバの認証を受けるとインターネットへの接続が可能になる。

以下のようにさまざまな書き方があります。

△ An external user can connect to the internet **once** the user authenticates with the proxy server.
ひとたびプロキシサーバの認証を受けると，外部のユーザーであってもインターネットへの接続が可能になる。
△ **To** connect to the internet, an external user must authenticate with the proxy server.
外部のユーザーがインターネットに接続するためには，プロキシサーバの認証を受けなければならない。
△ An external user cannot connect to the internet **unless** the user authenticates with the proxy server.

プロキシサーバの認証を受けないと，外部のユーザーはインターネットに接続することができない。

しかし，「プロキシサーバの認証を受けてください」をメインの情報にして従属接続詞beforeを使うことで，「インターネット接続が可能になる」が複文構造のサブの部分に配置され，時間的な流れを反映した自然な英文となります。

○ An external user must authenticate with the proxy server **before** connecting to the internet.

【従属接続詞による複文構造の活用】のまとめ

- whenやifなどの従属接続詞による複文構造を使って情報を追加できる。
- because以外の従属接続詞でも因果関係を表すことができる。
- beforeが「～の後に」という文脈で使えることがある。

More Teachings

視覚的に似た英単語

和文執筆時の留意事項として，視覚的な混乱を避けることがあげられていました。比較級を表す「より」を助詞の「に」に続けて文節の切れ目が曖昧になるのを避けるため，例えば「～により負荷がかかる」は「～によって負荷がかかる」のか「～にかかる負荷が増す」のかを，視認しやすい表現に整えるという内容でした（p.155）。日本語ほどでないものの，英語にも，視覚的に紛らわしい単語に気をつける場合があります。また，同じ意味の単語が複数あるために紛らわしい場合についても併せて紹介します。推奨されるほうの単語を太字にします。

■格調の異なる単語

「～であるが」を表す接続詞thoughと**although**のどちらを使えばよいかと尋ねられたことがあります。2つの理由により，筆者は必ず**although**を使うようにしています。1つ目は，thoughが**although**よりもインフォーマルであるということです。もう1つの理由は，thoughが前置詞throughと視覚的に混同しやすいためです。同様の単語に，「～まで」を表すtillと**until**があります。tillはインフォーマルなので正式な文書では使用を控え，**until**を使います。**until**のほうが視覚的にも単語を認識しやすいというメリットもあります。

■米・英でスペルが異なる紛らわしい単語

control（制御する），learn（学習する），burn（燃やす）の過去分詞**controlled**とcontroled，**learned**とlearnt，**burned**とburntはいずれも，前者がアメリカ英語とイギリス英語の両方で使用されます。後者はイギリス英語として使用されることがありますが，筆者はより一般的な前者を使用しています。

「アルミニウム」を表す**aluminum**とaluminiumがありますが，アメリカ英語であって，より一般的な前者を使用しています。日本語の音に近い後者のスペルを意図せず使わないよう気をつけましょう。

■スペルが似ている別の単語

動詞**weight**（～を重みづけする）と言いたいときに別の単語weigh（～の重量がある）と混同してスペルミスしてしまわないよう気をつけています。「重み付けした信号」は**weighted** signalsが正しく，誤ってweighed signalsとしてしまってもスペルチェックソフトでミスが抽出できないため，注意が必要です。

conveyorとconveyerは，前者は「コンベヤ・運搬装置」で後者は「運搬人」です。「ベルトコンベヤ」というときには前者です。

■スペルが複数あって紛らわしい単語

コンピュータ分野の「ディスク」を表すdiskとdiscは，前者が一般的ですが，「光ディスク」の類にはコンピュータ分野でもdiskとdiscの両方が可能です。そこで，「光ディスク」には**disc**，それ以外の例えば「ハードディスク」には**disk**を使用しています。

「複数形」を表すスペルが複数種ある単語を紹介します。

indexの複数形にはindexesとindicesがあります。「索引」の意味ではindexesですが，指数や指標の場合にはindexesとindicesの両方が可能です。ACSスタイルガイドには「indices（mathematical）」とあり，数学的な場合に**indices**の使用をすすめています。

matrix（行列・基材）の複数形は，「行列」の場合にはmatrices，「基材」の場合にはmatrixesです。ACSスタイルガイドには「**matrices**（mathematical）」，「**matrixes**（media）」とあります。

syllabus（シラバス）の複数形には**syllabuses**とsyllabi，formula（公式）の複数形には**formulas**とformulaeがあります。いずれも可能ですが，より一般的な前者をおすすめします。

同様の単語を，ACSスタイルガイドからいくつか抜粋します。

単数形	複数形（前者が望ましい）	
appendix（付録）	**appendixes**	appendices
criterion（基準）	**criteria**	criterions
focus（焦点）	**focuses**	foci
medium（媒体）	**media**	mediums
spectrum（スペクトル）	**spectra**	spectrums
vortex（渦）	**vortexes**	vortices
vertex（頂点）	**vertexes**	vertices

参考：The ACS Style Guide: Effective Communication of Scientific Information 3rd Edition（An American Chemical Society Publication），Anne M. Coghill, Lorrin R. Garson, 2006, p.128

第7章

情報の提示順序

第6章の日本語の節（6.1節）で，和文は文節の長さと形によって配列順序を決め，そこに読点を組み合わせることにより，読者に誤解を与えるリスクを減らせるということをお伝えしましたが，本章の日本語の節（7.1節）では，そこからさらに一歩踏み込み，「より自然な形で」，「違和感なく」内容を伝えるための情報配置順序を紹介します。

一方，英語の節（7.2節）では，語順の厳格さという制約の中で限られた自由度を最大限に発揮して，文意を強調したり，情報を効果的に追加したりする方法などを説明します。加えて，文の構造と単語どうしの係り受けをわかりやすくするために，1文に含めるメイン情報を1つにする場合の修飾語句の配置のしかたと句読点の活かし方も紹介します。

7.1節 日本語の性質や時系列など，英文法以外の基準を加味して語順を判断する

6.1節で，句と節の「長さ」と「形」に基づき，文節どうしの係り受けを「正確に」伝えるための配置順序を説明しました。本節のテーマも同じく情報の配置順序ですが，ここでは動詞に着目し，情報を最も「自然で効果的に」伝えるための提示順序を，英文と対比させながら，英文法以外の判断基準も加味して考察します。

第1項 読みやすい情報配置

1.1 目的

to不定詞やso thatなど，目的を表す表現や構文は，「～するために」または「～するように」と訳すのが典型的です。

This thin rod is rigidly attached to the disk, **so that** it will rotate with the disk.
○ この細いロッドは，ディスクと一緒に回転するように，ディスクにしっかりと取り付けられている。

この例文のように，so thatの前にコンマが置かれている場合には，soやthereforeと同様の解釈をしてもほとんど問題ないというのが，これまでの翻訳経験から得た筆者自身の実感です。

○ この細いロッドは，ディスクにしっかりと取り付けられている**ため**，ディスクと一緒に回転する。

情報が出てくる順序が逆になり，so that節が「結果」を表します。英文と同じ順序で情報が出てくるので，読み手が英語話者と同じ順序で文意を理解することができ，原文と訳文の間で齟齬が生じにくいというメリットがあります。

どちらの訳文を採用するかは，文脈に応じて決めればよいでしょう。コンマの有無は書き手の判断や癖によっても異なり，コンマがなくても同様の解釈が可能と思われる文も少なくありません。ただし，so that構文が常に上記のように2通りに訳せるとは限りません。

This camera is designed **so that** anyone can use it with ease.
× このカメラは，設計されている**ので**，誰でも簡単に使うことができる。

まったく意味不明です。このso thatを「結果」と解釈することは不可能で，次のように，目的と解釈する以外にありません。

○ このカメラは，誰でも簡単に使える**ように**設計されている。

so thatに加え，to不定詞も，目的を表す表現技法として広く使用されています。

Retail giants like Amazon use big data **to analyze** purchases and **boost** sales.
○ アマゾンなどの巨大小売企業は，購入された商品を**分析し**，売上を**伸ばすために**，ビッグデータを活用している。

問題ありませんが，不定詞は，「不定」という名称が示すとおり，目的を表すものと解釈することが唯一絶対の解というわけではありません。上記の英文に文脈を与えてみます。

Retail giants like Amazon use big data to analyze purchases and boost sales. The profit from **the** increased sales is mostly re-invested in new facilities and services.

2文目のincreased salesにtheがついており，売上が実際に増えたことを示唆しています。この点を考慮すると，この文は次のように訳すことも可能です。

○ アマゾンなどの巨大小売企業は，ビッグデータを活用して，購入された商品を分析し，売上を伸ばしている。売上の増加によって得られた利益は，新しい設備とサービスに再投資される。

不定詞は文脈次第で，主節動詞によって導かれた「結果」と解釈可能であることが，この文からわかります。

次に，上記の英文を，第1文はそのままに第2文だけ変えて別の文脈にしてみましょう。

Retail giants like Amazon use big data to analyze purchases and boost sales. **The** huge amount of data collected from various sources is processed by their own algorithms and analyzed by a variety of data analysis tools.

theの存在により，巨大小売企業が実際にビッグデータを使用していることが示唆されていますが，「購入された商品の分析（analyze purchases)」や「売上の伸長（boost sales)」が実施ないし実現されているかどうかは，文を最後まで読んでもわかりません。したがって，この不定詞は「目的」と解釈し，次のように訳すのが妥当でしょう。

○ アマゾンなどの巨大小売企業は，購入された商品を**分析し**，売上を**伸ばすために**，ビッグデータを活用している。各種ソースから収集された多量のデータは，独自のアルゴリズムによって処理され，さまざまなデータ分析ツールによって分析される。

今度は上記の例文のuseをlook toに変えてみましょう。

Retail giants like Amazon look to big data to analyze purchases and boost sales.

look toは「～に目を向ける」という意味ですから，アマゾンなどの企業が，まだビッグデータを使いはじめていないと考えるのが自然です。そうなると，商品の分析や売上の伸長が実施ないし実現されていると考えるのは拙速です。したがって，この不定詞も「目的」と解釈し，次のように訳すのが妥当でしょう。

○ アマゾンなどの巨大小売企業は，購入された商品を**分析**し，売上を**伸ばすために**，ビッグデータに着目している。

「for＋動詞の名詞形」もまた，to不定詞とよく似たはたらきをします。考え方もto不定詞と同じです。

The collected microbial samples are frozen and sent to an external laboratory **for detailed analysis. The** results gained will be used to forecast how the species will respond to changes in their habitat conditions.
○ 採取した微生物サンプルは，凍結されて，**詳細分析のために**外部の研究所に送られる。得られた結果は，その種が生息地条件の変化にどう対応していくかを予測するのに利用される。

問題ありませんが，2文目のresults gainedという表現にtheがついており，実際に結果が得られたことがわかります。つまり，「詳細分析」はすでに行われたと解釈できるので，次のように訳すことも可能です。

○ 採取した微生物サンプルは，凍結されて外部の研究所に送られ，**詳しく分析される**。得られた結果は，その種が生息地条件の変化にどう対応していくかを予測するのに利用される。

同様に2文目を変えて，さらに別の文脈にしてみましょう。

The collected microbial samples were frozen and sent to an external laboratory for detailed analysis. The delivery truck was, however, stranded on the way, failing to deliver the samples within the specified time.

2文目で，詳細分析が行われる前の出来事が述べられているので，詳細分析はまだ行われていないと考えるのが自然です。このような文脈であれば，forは「目的」と解釈するのが妥当でしょう。

○ 採取した微生物サンプルは，凍結され，**詳細分析のために**外部の研究所に送られた。しかし，配送トラックが途中で立ち往生してしまい，指定された時間内に届けることができなかった。

つまり，目的を表すこれらの表現は，文脈によっては「結果」を表すこともあるということになります。

1.2　具体例 → 包括語

次に示すのは，such asを用いて具体例を列記した例文です。

Ultrasonic sensors have a variety of applications **such as** robot navigation, measurement of air-flow velocity, and collision prevention.

such asの代わりにincludingを使うこともできます。具体例を包括する名詞句を，本節では「包括語」と称します。この例文では，(a variety of) applicationsが包括語に該当します。まずはこの文を，包括語から訳してみます。

△ 超音波センサーには，さまざまな用途，**例えば**，ロボットのナビゲーション，気流速度の計測，衝突の防止**など**があります。

英文を読むときには，前から理解するのが鉄則ですが，日本語に翻訳する場合や日本語で文を書き起こす場合には，次のように具体例から述べたほうが，自然で洗練された響きを帯びます。

○ 超音波センサーには，ロボットのナビゲーション，気流速度の計測，衝突の防止**など**，さまざまな用途があります。

包括語と具体例の両方を1文に収める表現は，such asやincludingだけではありません。

Rising prices in raw materials, **particularly** iron ore, are impacting the price and production of magnetic devices.
△ 原材料，**特に**鉄鉱石の価格高騰が，磁気デバイスの価格や生産に影響を与えつつある。

particularlyやin particularを見ると，つい「特に」と訳しがちですが，1文の中に包括語と具体例を含む構造がsuch asと同じなので，先ほどの例と同様，具体例から訳すのが効果的です。

○ 鉄鉱石**をはじめとする**原材料の価格高騰が，磁気デバイスの価格や生産に影響を与えつつある。

particularlyを英和辞典で調べても，「～をはじめとする」という訳語は載っていないと思いますが，この文脈ではまさにぴったりです。文脈によっては，「～に代表される」や「～を中心とする」などと訳せることもあるでしょう。

同様の表現をもう1つ紹介します。

The cashew nut shell liquid contains small pieces of the nut shells and fibers, **as well as** other impurities.

A(,) as well as Bは本来，「BだけでなくAも」という意味で，Aを強調するための表現ですから，形だけを見れば次のように訳すことになります。

△ このカシューナッツ殻液には，他の不純物**に加え**，ナッツの細かい殻片や繊維も含まれています。

何か違和感を覚えると思います。その原因は，as well asが本来の用法で使われておらず，単なるandのはたらきをしていることです。この例文のように，すでにandが使われている状況では，並列構造を明確化するために，as well asがandの代わりに使われることが少なくありませんが，otherという単語の存在から，impuritiesが包括語，small pieces of the nut shells and fibersが具体例であることがわかります。そこで，次のように具体例から述べることにより，違和感を解消することができます。

○ このカシューナッツ殻液には，ナッツの細かい殻片や繊維**などの**不純物が含まれています。

参考までに，as well asが本来の用法で使われている例文も載せます。

The cashew nut shell liquid contains agrichemical compounds, **as well as** small pieces of the nut shells and fibers.

○ このカシューナッツ殻液には，ナッツの細かい殻片や繊維**はもとより**，農薬成分も含まれています。

1.3 旧情報→新情報

次の文は，beforeを使って2つの行為の時間差を表した例文です。

The owner of the table must grant the Insert privilege **before** you can insert a row into this table.

beforeの後に節が続いているので，通常であれば，次のように訳されるでしょう。

△ この表に行を挿入できるようになる**前に**，表の所有者から挿入権限を受ける必要があります。

少し違和感があります。この文のbeforeのように，前後関係を明確にする語句が用いられている文は，本来の語法に執着せず，古い情報や先に行う行為から述べるのが有効です。

○ 表の所有者から挿入権限を受けた**後に**，この表に行を挿入できるようになります。

文脈によっては，次のような否定文にしてもよいでしょう。

○ 表の所有者から挿入権限を // 受けた**後でしか** / 受け**ないと** //，この表に行を挿入することができません。

いずれにせよ，英文と同じ順序で理解できるので，原文の読者と訳文の読者との間で理解の齟齬が生じにくいというメリットがあります。

同様の手法を適用できる表現はほかにもあります。

As events are added or changed on this website, your other calendar applications will automatically update **to reflect** the changes.

○ このウェブサイト上でイベントが追加または変更されると，他のカレンダーアプリケーションが，変更内容を反映するために自動的に更新されます。

先ほどと同様，不定詞で表された内容が「結果」を表すということが文脈からおおむね明確であれば，次のように主節動詞から訳しても問題ないでしょう。

○ このウェブサイト上でイベントが追加または変更されると，他のカレンダーアプリケーションが自動的に更新され，変更内容を反映します。

ユーザーガイドや使用マニュアルなどでよく使われる，手順や工程を表す文は，文法や構文に忠実に訳すよりも，先に行う行為から訳したほうがユーザーフレンドリーです。

Once all of the liquid is vaporized, the temperature of the system begins to rise **until** it **reaches** 50 °C.
× 液体がすべて蒸発すると，システムの温度が50℃に達するまで上がりはじめる。

until も，before と同じく前後関係を表す接続詞ですが，until の用法に忠実であることによってぎこちない訳文になってしまっています。他動詞の reach は「～に達する」という意味で，終着点や最終結果を表しますから，次に示すとおり，やはり最後に訳すのがよいでしょう。

○ 液体がすべて蒸発すると，システムの温度が上がりはじめ，その温度は50℃に達する。

until 節には，finally や eventually といった副詞が用いられることも少なくありません。その場合には，まさに文字どおり「最後に」訳出しましょう。

reach と同様の機能をもつ動詞句をもう1つ紹介します。

Blunt impact to the head **that** deforms the skull causes transmission of a pressure wave through the brain **that results in** abrupt and transient cavitation in brain tissue.

関係代名詞thatが使われており，先行詞はa pressure waveなので，関係詞の用法に忠実に従えば次のような訳文ができます。

> △ 頭蓋骨を変形させる頭部への鈍い衝撃により，脳組織内での突発的かつ一時的な空洞化をもたらす圧力波が脳内を貫通する。

間違いとまでいえませんが，result inやend（up）inは結果を述べる動詞句なので，やはり最後に述べるのが妥当です。加えて，Blunt impact to the head that deforms the skullという一節に関しても，「頭部への衝撃」→「頭蓋骨の変形」という流れを反映して訳してみましょう。

> ○ 頭部への鈍い衝撃で頭蓋骨が変形すると，圧力波が脳を貫通し，脳組織 // に突発的かつ一時的な空洞化が発生する / 内で突発的かつ一時的に空洞が生じる //。

事象の流れが時系列に沿って述べられており，読み手の負担が軽いうえに，英文と和文の語順も等しいため，ここでもやはり，原文の読者と訳文の読者との間で理解の齟齬が生じにくいというメリットが生まれています。

1.4　前提・背景 → 主題

次の文は，童話「桃太郎」の冒頭文を英訳したものです。

> Once upon a time, there lived **an old man and woman** in a certain place. One day the man went collecting firewood in the mountain, while the woman went washing in the river.
> 昔々，あるところに，**おじいさんとおばあさんが**おりました。おじいさんは山へ柴刈りに，おばあさんは川へ洗濯に行きました。

もしこの文が次のようであったら，どのように感じられるでしょうか。

> **おじいさんとおばあさん**が，昔々，あるところにおりました。おじいさんは山へ柴刈りに，おばあさんは川へ洗濯に行きました。

誰もが違和感を覚えるでしょう。しかし，その違和感の原因は，「慣れ親しんだ文と違う」ということだけではありません。別の文を用いて違和感の正体に迫ってみます。

There is a growing **demand** for lightweight plastics in the automotive industry in response to consumers becoming more environmentally aware. Plastic components weigh almost 50% lighter than similar components made from traditional materials, thus providing 25%–35% improvement in fuel efficiency.
△ 軽量プラスチックの**需要が**，消費者の環境意識の向上を受け，自動車業界で高まっています。プラスチック製部品は，従来の材料で作られた同様の部品よりも50%近く軽量であることから，燃費が25～35%向上するのです。

あまり違和感がないという方は，次の文と比べてみてください。

○ 消費者の環境意識の向上を受け，自動車業界で軽量プラスチックの**需要が**高まっています。プラスチック製部品は，従来の材料で作られた同様の部品よりも50%近く軽量であることから，燃費が25～35%向上するのです。

こちらのほうが自然と感じられるのではないでしょうか。違和感の正体は，「～が」という文節が文頭に置かれていることです。ネイティブの日本語話者なら，大半の人が，「急にどうしたのだろう」という唐突感を覚えるでしょう。日本語環境で生まれ育った人は，初出の名詞を使うとき，場所や時期などの背景ないし周辺情報を先に述べて外堀を埋めてから「～が」を置くという修辞技法を無意識に使用しているのです。

英語は主語ではじめるのが鉄則ですから，「A ～」という書き出しは極めて一般的かつ自然ですが，英文の語順のままで日本語に置きかえてしまうと，英文にはない唐突感が生まれる可能性があるということは，しっかりと認識しておく必要があります。

改善例を改めて見てみると，「需要が」という主語が文末寄りに配置されていることが確認できます。実はこの主語配置は，唐突感を弱めて自然な響きを創出していることに加え，2文を結びつけている語（=「プラスチック」）が近接配置されるという別のメリットも生み出しています。お互いの語句が近いため，この2文の結びつきが強まり，文の流れがスムーズになるのです。

隣り合う文どうしの結びつきを強めることについては，第8章で詳しく説明します。

【読みやすい情報配置】のまとめ

- to不定詞やso that構文で表された内容は目的を表すが，文脈によっては結果を表しているものと解釈し，英文と同じ順序で情報を提示したほうがよい。
- such asやincludingなどを用いて具体例と包括語が併存している文は，具体例から述べる。
- 手順や工程を表す文は，先に行う内容から述べる。
- before，finally，result inなどを用いて内容に時間差が設けられている文は，旧情報から述べる。
- 初出の名詞に「が」をつける場合には，周辺情報を先に述べて唐突感を薄める

More Teachings

和文ライティングのおすすめウェブツール

理解した英文の内容を正確に表す言葉が思い浮かばなかったり，原文で意図的に使い分けられている類義語を訳し分けるのに自分の運用語彙では足りなかったりすることは，翻訳のときに必ず遭遇する局面です。そんなときには，辞書よりもウェブツールのほうが便利です。自身の浅学と記憶力欠乏症を覆い隠してくれる便利なウェブサイトを2つ紹介します。

■連想類語辞典（https://renso-ruigo.com/）

自分の頭の中にあるぼんやりしたアイディアをすっきりと言語化してくれる有用サイトです。フィールドに日本語の単語を入れると，類語だけでなく，関連語や連想語も併せて表示されるため，とにかく膨大な数の候補を提示してくれるのが，類似サイトとの大きな違いです。

ケーススタディや製品導入事例，高級ブランド品のニュースレターなど，いわゆるマーケティングドキュメントの翻訳で，その真価を実感することができます。

■NINJAL-LWP for BCCWJ（https://nlb.ninjal.ac.jp/）

単語どうしの自然な結びつき（コロケーション）を調べることのできる貴重な日本語コロケーション検索サイトです。フィールドに語句を入れると，一緒に使われることの多い表現（共起表現）が表示されます。無料ながら，コロケーションの妥当性確認はこれ一択といえるほど充実した内容で，サ変動詞が自動詞か他動詞かを判断するときにも役立ちます。

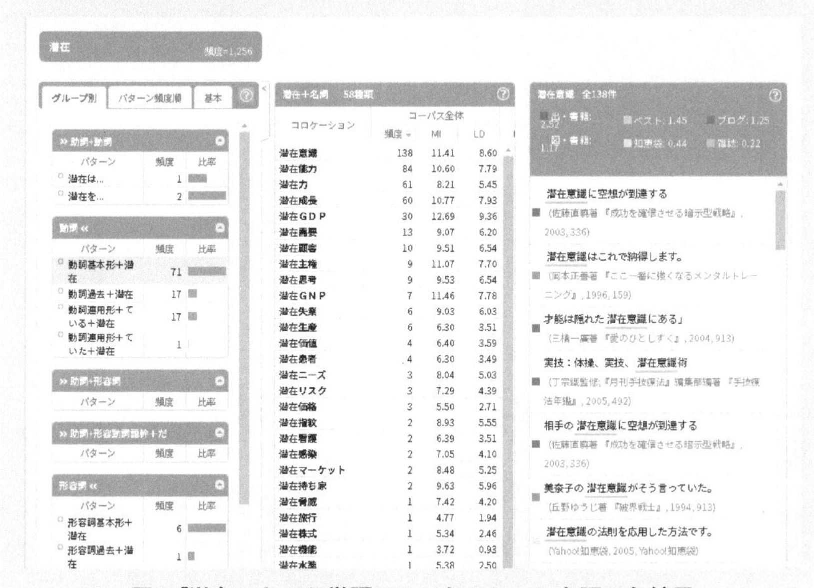

図：「潜在」という単語のコロケーションを調べた結果

第7章 日本語 英語

7.2節　効果的に情報を配置する方法　英語

英文は，情報の配置順序が厳格ではありますが，選択の余地がいくらかあります。その選択は，元の日本語に引きずられず，戦略的に行うことが大切です。そこで本節では，効果的に情報を配置する方法として，「文頭の句」，「後半の句」，「副詞の位置」，「挿入のコンマ」，「メイン情報を1つにする方法」，「各種例示表現」について説明します。

第1項　効果的な情報配置

1.1　文頭の句や節を活用する

主語から英文を開始することで，読みやすい文，情報が届きやすい文となることは，すでに説明してきたとおりです。しかし，句や節をあえて文頭に出すことで，情報を戦略的に先に読ませることができます。

【前置詞句を文頭に】

アルツハイマー型認知症が後期まで進むと，会話や移動，周囲状況の把握が困難になることが多い。

○ **In later stages**, individuals with Alzheimer's disease often have trouble with talking, moving, or responding to surrounding situations.

△ Individuals with Alzheimer's disease **in later stages** often have trouble with talking, moving, or responding to surrounding situations.

「後期まで進むと」を表すin later stagesを文中に配置するよりも，文頭に配置して目立たせたほうが，読み手の注意を引くことができます。

高濃度の一酸化炭素に室内で長時間暴露されると，気を失うことや，死に至ることさえある。

○ **At high levels and long exposure indoors**, carbon monoxide can cause a loss of consciousness and possibly death.

× If you are exposed to high levels of carbon monoxide indoors for a long time, you may lose consciousness and possibly die.

if節を使わないほうが語数が少なく，状態を描写できて適切です。

○ **Long exposure to high levels of carbon monoxide indoors** can cause a loss of consciousness and possibly death.

主語から文を開始してSVOで表現することも可能ですが，前置詞句を文頭に配置することで，「高濃度で長時間，室内で暴露される」ことを条件として強調できます。句を前に出すと，本来の位置に配置した複文（つまりYou may lose consciousness and possibly die after long exposure to high levels of carbon monoxide indoors.）と同様のニュアンスが出ます。

全乗客の安全のために，航空各社では，特定の空港から出発する乗客にPCRの陰性診断結果の提示を求めていた。
○ **For** the safety of all passengers, the airline companies required passengers traveling from specific airports to present a negative PCR test result.
△ The airline companies required passengers traveling from specific airports to present a negative PRC test result for the safety of all passengers.

for the safety of all passengersを文頭に配置することで，その情報を強調できます。

【従属接続詞節を文頭に】

放射線治療や化学療法を受けた後であっても，がん細胞が増殖をはじめたり，体の別の場所に転移したりすることがある。
○ **After being treated with radiation or chemotherapy**, cancer cells may start to grow at the same location or may spread to another part of the body.
△ Cancer cells may start to grow or may spread to another part of the body **even after being treated with radiation or chemotherapy**.

従属接続詞afterの節をあえて前に出すことで，「～であっても」というニュアンスを強調できます。文頭に出していることで強調できているため，後半に配置しているときに使いたくなる強調のeven（～であっても）が不要になります。

1.2　後半に句を配置する

目的や結果を表すso that節など,「～するように～されている」のような入り組んだ内容を英語で表す句や節について説明します。

入力データやコメントを自在に編集または削除できるようにチェックボックスがオンになっている。
○ The check box is selected **so that** any entries or comments can be edited or deleted.
○ The check box is selected **for** editing or deleting of any entries or comments.
○ The check box is selected **to enable** editing or deleting of any entries or comments.

目的を表すso thatで「～できるように」を表せます。また, forではじまる前置詞句, to不定詞を使った句で表現することも可能です。

SNSプラットフォームがまもなく変更となり, ユーザーが投稿を編集できるようになります。
○ The social platform will change shortly, **so that** users can edit their posts.
○ The social platform will change shortly, **allowing** users to edit their posts.
(＝The social platform will change shortly. This will allow users to edit their posts.)

so thatの前にコンマを入れると, 結果であることを明示できます。句を使う案としては, 分詞構文を使いました。文末の分詞構文は先述のとおり, 文を区切ってThis will allow users...と次の文を続ける場合と同様の意味になります。

1.3　副詞を係り先に近づける

副詞は, 主に動詞や文全体に説明を加える品詞で(p.115参照), 係り先の近くに配置することで, 修飾関係が明確になります。

第1章では，流体の数値シミュレーションの背景を簡単に説明している。
○ Chapter 1 **briefly** describes the background of numerical simulation of fluid flows.
× Chapter 1 describes the background of numerical simulation of fluid flows **briefly**.
× Chapter 1 describes **briefly** the background of numerical simulation of fluid flows.

文末に配置するよりも，動詞の前に配置したほうが係り先の動詞describeに近く，文意の把握が容易です。ただし，他動詞と目的語の間に副詞を置くことはできません。

なお，「1章では背景を簡単に説明している」という短い文の場合には，副詞brieflyを動詞の前に配置する利点は少なく，文末に配置するほうが読みやすくなります。

○ Chapter 1 describes the background **briefly**.
△ Chapter 1 **briefly** describes the background.

インストールが正常に完了すると，「アップデートに成功しました」というメッセージが表示される。
○ A “successfully updated” message appears when the installation is completed **successfully**.
△ A “successfully updated” message appears when the installation is **successfully** completed.

係り先の動詞completeに対して副詞successfullyの距離が変わらない場合には，強調したい場合を除いて，動詞の後ろに置いたほうが読みやすくなります。

1.4　コンマで情報を補足する

6.2節で説明したように，関係代名詞の非限定用法は，「コンマ＋which（またはwho)」という形です。コンマで区切るということは，続く情報がその文にとって必須でない補足的な説明であることを明示しますが，これは関係詞に限った話ではありません。ここでは，コンマを伴う非限定用法を，コンマを伴わない限定用法と比較しながら説明します。

【接続詞 when のコンマあり・なし】

セラミックスは引張破壊が起こりやすい。特に，欠陥があったり，引張応力がかかったりすると，引張破壊が生じやすい。 ○ Ceramics are susceptible to tensile fracture, **particularly when** they have flaws or are under tensile stress.（コンマあり・非限定）

セラミックスは，欠陥があったり，引張応力がかかったりすると，引張破壊が起こりやすい。 ○ Ceramics are susceptible to tensile fracture **when** they have flaws or are under tensile stress.（コンマなし・限定）

非限定用法の when は，主節の内容が生じた場合についての説明を補足します。

【接続詞 because のコンマあり・なし】

医療データは，皮膚画像データセットなど画像形式で収集されることが多いことから，人工知能は医療分野で広く活用されている。 ○ Artificial intelligence is widely used in medical fields, **because** medical data is often collected in image formats, such as skin image datasets.（コンマあり・非限定）

医療データは画像形式で収集されることが多く，機械学習や人工知能に使用できる多量のデータを準備できることから，人工知能は医療分野で広く活用されている。 ○ Artificial intelligence is widely used in medical fields **because** medical data is often collected in image formats that can be used to prepare large amounts of data for machine learning and artificial intelligence.（コンマなし・限定）

because は，強い因果関係を表す接続詞です。そのため，主節と従属節との間

に内容の飛躍がある内容には，becauseで文と文を直接つなぐことができません。しかし，コンマを使って因果関係を弱めれば，becauseを使うことができます。

【用語の挿入に使うコンマ】

> 光免疫療法という私たちの癌治療法では，光増感剤と抗体を結合させて使う。
> ○ Our cancer therapy, **photoimmunotherapy**, uses a photosensitizer conjugated to antibodies.

コンマで囲った情報を挿入することで，

Our cancer therapy uses a photosensitizer conjugated to antibodies.

という文意に大きな影響を及ぼすことなく情報を追加しています。

> **【効果的な情報配置】のまとめ**
> - 前置詞句や従属節は，文の前半に配置することで，条件として強調できる。
> - 「～するように～されている」にso thatやto不定詞，forの前置詞句が使える。
> - 副詞は係り先の近くに配置する。
> - 「, (particularly) when」，「, because」，「, ___, で用語を挿入」といったコンマを使った挿入または追記の情報は，いずれも非限定，つまり補足説明となる。

第2項　メイン情報を1つにする方法

1つの英文にはメッセージを1つだけ入れるのが理想的です。しかし，技術文書では複雑な内容を説明するため，複数の情報を1つの文に入れざるを得ないことがあります。その場合には，1つの文の中で「メインの情報」が目立つように文構造を工夫します。その具体的な方法を2つ紹介します。

2.1　関係代名詞非限定でサブ・メイン情報を表す

2種類の情報を1つの文に入れるときには，関係代名詞の非限定用法「, which」を使って「メイン情報」と「サブ情報」に分けます。等位接続詞andを使って2種の情報を等価に並べる場合と比較しながら確認しましょう。

水素は，クリーンで再生できる可能性のある燃料である。燃焼の副生成物として生成されるのは水蒸気だけである。
△ Hydrogen is a clean and potentially renewable fuel. It only produces water vapor as a byproduct of its burning.

2つの情報，つまり2つの文を等位接続詞andでつなぐと，次のように2つの情報が同じ重要度で並びます。

○ Hydrogen is a clean and potentially renewable fuel 1つ目の情報 and only produces water vapor as a byproduct of its burning 2つ目の情報.

andやbutなどの等位接続詞は，単語と単語，文と文といった等価な要素どうしをつなぎます。ここでは文と文をandでつないでおり，「クリーンで再生できる可能性のある燃料」，「燃焼の副生成物として生成されるのは水蒸気だけ」という2つの情報が同じ重要度です。

次に，いずれか一方をメインの情報に決め，非限定用法の関係代名詞「, which」を使って表現してみましょう。

「燃焼の副生成物として生成されるのは水蒸気のみ」がメイン情報

○ **Hydrogen**, which is a clean and potentially renewable fuel, **only produces water vapor as a byproduct of its burning**.

「クリーンで再生可能な燃料」がメイン情報

○ **Hydrogen**, which only produces water vapor as a byproduct of its burning, **is a clean and potentially renewable fuel**.

Hydrogen is a clean and potentially renewable fuel.
を前に出して早く読ませたい場合には，セミコロンを使うこともできます。

○ Hydrogen is a clean and potentially renewable fuel; it only produces water vapor as a byproduct of its burning.

セミコロンは，関連する2つの文をピリオドで区切らずに関連づける役割を果たします。意味は「, and」でつないだ場合と同じですが，視覚的に区切りがわかりやすく，読みやすさが増します。

関係代名詞の限定用法でfuelを定義することも，文脈によっては可能です。

○ Hydrogen is a clean and potentially renewable fuel **that** only produces water vapor as a byproduct of its burning.
水素は，クリーンで再生できる可能性のある燃料であり，燃焼の副生成物として生成されるのは水蒸気だけである。

2.2 複文構造でサブ・メイン情報を表す

異なる情報を伝える2つの文を1つの文につなぐには，従属接続詞を使います。従属接続詞とは，メインの情報である主節を目立たせるために，サブの情報を従属節としてつなぐ接続詞のことです。例文を使って，2つの文を等位接続詞でつないだ場合と比較しながら違いを確認します。

大気汚染は国境を越えます。しかし，越境大気汚染に対処できる法的制度を有する国はわずか30%に過ぎません。
△ Air pollution crosses national borders. **However**, only 30% of countries have legal mechanisms to address crossborder air pollution.

短い2文で表すことも可能ですが，読み手に効率的に情報を伝えるために，2文をつなぐことを検討します。

【等位接続詞butでつなぐ場合】

○ Air pollution crosses national borders, **but** only 30% of countries have legal mechanisms to address crossborder air pollution.

内容が逆接のため，butでつなぎました。2文の主語が異なるので，butの前には必ずコンマを入れます。このままでも読みやすいのですが，つないだ1文の中に2種類の異なる情報が入っています。メイン情報とサブ情報に分けるために従属接続詞を使います。

【従属接続詞でつなぐ場合】

○ **Although** air pollution crosses national borders, only 30% of countries have legal mechanisms to address crossborder air pollution.

althoughからはじまる節が「サブ情報」，後半の主節が「メイン情報」です。逆接を明示できる従属接続詞を使うと，メインとサブをはっきりと分けることができます。

2.3　丸括弧や句読点，ダッシュで補足情報を可視化する

単語の前後をコンマでくくり，文中に句として挿入することによって「サブ情報」を表すこともできます。同様の表現に「丸括弧」があります。コンマによる挿入のほうが情報の重要度が高く，丸括弧は，「例示」や「略語の併記」など，読み飛ばしても問題が生じない情報に使います。技術文書には，不要な情報を含めないのが原則ですので，丸括弧内であっても，情報を残している以上は読まれることを想定しています。その情報を，文構造の読みやすさを損なわずに挿入することが，丸括弧のはたらきです。

【丸括弧・コンマ挿入・ダッシュ】

あらゆる金属は（水銀を除いて），高温で溶ける。
○ All metals (**except mercury**) melt at high temperatures.
○ All metals, **except mercury**, melt at high temperatures.

日本語には，情報を補足する表現形態が丸括弧以外にあまり見当たらないのに対し，英語には，「コンマ挿入」，他の句読点（例：ダッシュ）や丸括弧など，多数の表現形態が存在します。日本語の丸括弧は，英文での「コンマ挿入」におおむね相当します。

重要なのは，読み手が文構造を把握しやすいことです。そのため，あえて丸括弧を使ったり，長い文の場合にダッシュ「—」を使って情報を挿入したりすることもあります。文中に情報を補足するさまざまな方法を見てみましょう。

石炭，石油，天然ガスといった化石燃料は，地殻に存在する濃縮された有機化合物である。

丸括弧は，本文の読みやすさを高めるのに有効です。

○ Fossil fuels (**coal, petroleum, and natural gas**) are concentrated organic compounds found in the earth's crust.

丸括弧内にe.g.,（例えば）を入れることもできます。例示の基本表現の1つです。

○ Fossil fuels (**e.g., coal, petroleum, and natural gas**) are concentrated organic compounds found in the earth's crust.

ダッシュは，次に示すとおり，挿入される句や節にコンマが入っていて，コンマで挿入を明示できない場合に使用します。

× Fossil fuels, coal, petroleum, and natural gas, are concentrated organic compounds found in the earth's crust. ○ Fossil fuels—**coal, petroleum, and natural gas**—are concentrated organic compounds found in the earth's crust.

【メイン情報を1つにする方法】のまとめ

- 非限定用法の関係代名詞「, which」でメイン情報とサブ情報を分けることができる。
- 従属接続詞althoughなどを使ってメイン情報とサブ情報を分けることもできる。
- 丸括弧や句読点，ダッシュでサブ情報を可視化することができる。

第3項　包括語から具体例へ

日本語で具体例を提示する際には，「石炭，石油，天然ガスなどの化石燃料」というように，例を先に配置し，包括語，つまり上位概念である「化石燃料」を後に配置するのに対し，英語では先に包括語を置き，具体例を続けます。本項では，名詞を列挙して例示する各種表現を紹介します。

3.1　名詞を列挙して例示する

【such asほかによる例示表現】

石炭，石油，天然ガスといった古代からの化石燃料は，再生不可能な資源である。

○ Ancient fossil fuels **such as** coal, petroleum, and natural gas are non-renewable resources.（コンマなし・限定）

such asが限定用法になっている場合には，例示された具体例（石炭，石油，天然ガス）が包括語（古代からの化石燃料）の説明として必須であり，such as以下を削除すると文意をなしません。

○ Ancient fossil fuels, **such as** coal, petroleum, and natural gas, are non-renewable resources.（コンマあり・非限定）

非限定にすると，例示された具体例の重要度が下がり，such asによる例示情報を取り除いても，文の基本の意味は変わりません。

such asをincludingに置きかえてもおおむね同義ですが，such asが単に例をあげているのに対して，includingでは「代表とした」といった強調のニュアンスが出ます。such asをlikeに変更するとカジュアルな印象になります。したがって，正式な文書ではsuch asを使用します。限定，非限定の別はincluding, likeの場合も同様です。

○ Ancient fossil fuels **including** coal, petroleum, and natural gas are non-renewable resources.
○ Ancient fossil fuels, **including** coal, petroleum, and natural gas, are non-renewable resources.

【, for example, で導く句の挿入】

チモール，オイゲノールなどの精油には，抗酸化作用，抗炎症作用，抗菌作用がある。
○ Essential oils, **for example**, **thymol and eugenol**, have antioxidative, anti-inflammatory, and antimicrobial properties.

for exampleの前後と例示後で計3つのコンマ（上記の英文で赤字）が必要になります。コンマについてはACSスタイルガイドに次の記載があります。

Use commas to set off the words “that is”, “namely”, and “for example” when they are followed by a word or list of words and not a clause. Also use a comma after the item or items being named.
（that is, namely, for exampleを使うときはコンマで開始し，続いて単語を1つ入れるか複数列挙する。節は入らない。項目列挙の後にもコンマを入れる）
〔The ACS Style Guide: Effective Communication of Scientific Information 3rd Edition（An American Chemical Society Publication）, Anne M. Coghill, Lorrin R. Garson, 2006, p.117〕

3.2　as well asで名詞を列挙する

学校の英語の授業で，not only A but also B = B as well as Aと習った人も多いでしょう。「AだけでなくBも」を意味し，Aが補足的で，Bがメインの情報であると学びました。しかし実際には，技術英語を読む中で，必ずしもそうではない文脈で使われたas well asを目にします。英語という言語は，日本語とは異なり，前から読みながら，情報を一区切りごとに入手しては捨て去り，次の情報を入手する，という性質があります。そのため，Bを読んだときにはBの情報を理解し，その先のAの情報へ進んだ際には，Aの情報が重要になる，という読み方をするため，B as well as AにおけるAの情報は，Bと同じくらい大切か，むしろその情報を読んだ時点ではBのほうが大切ということが現実的にはあるのです。

例を見てみましょう。

イオン注入は，半導体デバイスの製造や金属の仕上げ加工，材料科学の研究などに利用されている。
○ Ion implantation is used in semiconductor device fabrication and in metal finishing, **as well as** in materials science research.
（Ion implantation, wikipediaより）

「半導体デバイスの製造（semiconductor device fabrication）」，「金属の仕上げ加工（metal finishing）」，「材料科学の研究（materials science research）」の3つの情報のうち，「半導体デバイスの製造」と「金属の仕上げ加工」と比べて「材料科学の研究」が少し異なる内容であることから，3つの行為を単純に羅列するよりも2つに分けたほうが容易に読み取れます。このような列挙にas well asが使われます。日本語でいう「ならびに」のようなニュアンスです。なお，日本語の接続詞「ならびに」は，2つの物事を別々の種類やレベルの固まりとみなす表現です。

自動運転には，センサーやアクチュエーターなどのハードウェア部品，さらにはAIソフトウェアや地図などの非ハードウェア部品が必要である。
○ Autonomous driving requires hardware components such as sensors and actuators, **as well as** non-hardware components such as AI software and maps.

「, as well as」を使うことで，
Autonomous driving requires hardware components such as sensors and actuators **and** non-hardware components such as AI software and maps.

と羅列するよりも，hardware componentsとnon-hardware componentsが並列していることが視覚的にも明瞭です。

> 点字ブロックは，公共施設や歩道，駅のほか，民間の店舗や施設にも設置されています。
> ○ Braille blocks are installed in public facilities, sidewalks, and railway stations, **as well as** in private shops and facilities.

英語は前から順に情報を読み取るため，「公共施設や歩道，駅」で一息をつき，「民間の店舗や施設」を次に読みます。学校で習った「民間の店舗や施設のみならず公共施設や歩道，駅にも」という解釈よりも，「公共施設や歩道，駅のほか，民間の店舗や施設にも」という解釈のほうが自然です。

3.3 例示文の表現いろいろ

「～には，～がある」といいたいときの英語の例示表現を紹介します。文字通りexamples（例）を使う表現から，variousやseveralを名詞に加え，動詞部分にbe available（利用可能である）やhave been developed（開発されてきた）を使う表現，また動詞自体にvaryやrange（種々にわたる・およぶ）を使う表現などがあります。includingやsuch asの前置詞（句）も組み合わせることができます。

【Examples of X(s) include A, B, and C.】

> 家電製品には，冷蔵庫，テレビ，洗濯機，パソコン，プリンター，通信機器などがある。
> ○ **Examples of** consumer electronics **include** refrigerators, televisions, washing machines, personal computers, printers, and telecommunication devices.

列挙する名詞の扱いも復習しておきましょう。可算名詞を列挙する場合には複数形とします。

> 一般的な誘電体被覆材として，酸化アルミニウム，酸化シリコン，酸化タンタルなどがある。

○ **Examples of** common dielectric coating materials include aluminum oxide, silicon oxide, and tantalum oxide.

不可算名詞を列挙する場合には無冠詞とします。

【Various Xs are available ___, including A, B, and C. / Various Xs are used to ___目的，including A, B, and C.】

オンラインショップでは，クレジットカード，代金引換，コンビニ決済など，さまざまなお支払方法が可能です。
○ **Various** payment methods **are available** in our online shop, **including** payment using credic cards, cash on delivery, and payment at convenience stores.

肺炎の診断方法には，胸部X線検査，血液検査，喀痰培養，気管支鏡検査などがあります。
○ **Various** techniques **are used** to identify pneumonia, **including** chest X-ray, blood testing, sputum culture, and bronchoscopy.

【Xs have been developed for ___, including ___】

脆性材料のモデル化には，有限要素法（FEM），離散要素法（DEM），有限差分法（FDM）などの手法がある。
○ Several approaches **have been developed for** modeling brittle materials, including the finite element method (FEM), the discrete element method (DEM), and the finite-difference method (FDM).

手法名など，特定すべき名詞を列挙する場合にはtheを使います。

【Xs range from A to B】

地球温暖化がもたらす将来の影響には，降雨パターンの変化や生物多様性の減少などがある。
○ The potential future impacts of global warming **range from** changing rainfall patterns to decreasing biodiversity.

rangeのかわりにvaryも使えます。

【包括後から具体例へ】のまとめ
- 包括語のあとに名詞を列挙して例示する。
- A, as well as Bで「AならびにB」を表せる。AとBの情報量が多い場合に区切りがわかりやすく便利。
- 「～には～がある」の例示表現は，状況に合わせて選ぶ。Examples of X(s) include A, B, and C. / Various Xs are available, including A, B, and C. / Various Xs have been developed, including A, B, and C. などが使いやすい。

Coffee Break

日本語と英語の違いを認めて受け入れる

筆者はある程度のキャリアを積んだのちも，日英翻訳の業務の難しさに頭を抱えることがありました。そんなとき，自分の表現力が足りないのではないかと自信をなくすよりも，この難しさが日本語と英語の特徴の違いに起因していると捉え，両言語のギャップを埋めることが得策と考えるに至りました。

例を1つ見てみましょう。筆者が行っている日英特許翻訳でよく見かけそうな文章ですが，英語で表すとなるとひと苦労します。

■ 検出センサーの精度向上が求められている。検知精度の向上のためには，検知電極の数を増やすことが考えられる。ところが，検知電極の数が多くなると，配置のスペースのために基板面積が大きくなってしまう。

英訳するにあたって難しい箇所を説明します。

第1文目：検出センサーの精度向上が求められている。

「～が求められている」をよく目にしますが，英語になりにくく感じることがあります。英語は「求められている」を飛ばして「精度向上」という目的のみを書くか，「精度向上の必要性」といった名詞句を主語にして，次の文章へと内容を統合してしまう場合が多いためでしょう。

第3文目：ところが，検知電極の数が多くなると，配置のスペースのために基板面積が大きくなってしまう。

ここで内容が飛躍しました。「基板」と「検出センサー」の関係が書かれていません。電極が基板上で配置スペースを占有するから，検出センサーが小型化できない，という論理のようです。つまり，「電極の数を多くしたら面積が大きくなる」のではなく，「電極の数を多くすると，面積の大きい基板を使わなくてはならなくなる」が真意です。

昨今，機械翻訳の精度が向上したといわれるので，試しに機械翻訳を使って英訳してみましょう。

There is a need to improve the accuracy of detection sensors. To improve detection accuracy, the number of sensing electrodes may be increased. However, as the number of sensing electrodes increases, the substrate area becomes larger due to the space required for their arrangement.（DeepL翻訳2023年2月）

一見上手く訳されているように見えるかもしれません。しかし，行間に暗示されていただけの内容は，英語という明確な言葉によって，違う範囲に明確に定められてしまうことや，論理の飛躍が強調されてしまうことがあります。英文を詳しく確認します。

まず，英語のtheは「存在していること」を表すので，the substrate area

becomes largerは「すでに存在しているareaが大きくなる」を示しています。実際は「既存の基板の面積が大きくなる」わけではなく，「大きい面積の基板を使わなければならない」，または「基板の面積を多く占有してしまう」です。

加えて，複文構造の直訳（as ___ increases）や，「大きくなる」（become larger），「～のため」（due to）といった日本語からの直訳調の表現があります。

機械翻訳から修正します。書き出しのThere is a need to improve... は2文目と統合します。

修正例1

To improve accuracy, detection sensors may include more sensing electrodes. However, more sensing electrodes will require a larger space on the substrate.

修正例2

To improve accuracy, detection sensors may include more sensing electrodes. However, detection sensors with more sensing electrodes will require larger substrates with space for the electrodes.

両言語のギャップを埋めて適切な英語を書くためには，日本語と英語のそれぞれの特徴を理解し，その違いを認めて受け入れることが大切です。

日本語と英語の違い早見表

	日本語	英語
主語	重要でなく，省略されることもある 無生物主語が少ない	文頭で「視点」を決める 無生物主語が多い
動詞	文末に置かれる「動作」+「する」が多い 自動詞が多い 受動態が多い	主語の直後で文型を決める 具体的な動作を表す動詞が多い 他動詞が多い 能動態が多い
結びつき	行間を読ませる 接続語が多い	概要から詳細へと展開する 接続語が少ない 既出情報で結束する

第8章

文どうしの結束性

複数の文を並べる際，英語と日本語には大きな違いがあります。先述のとおり，日本語は主語があまり重要視されず，主語を省略することも多いため，文どうしの結びつきが弱まりがちです。そこで，隣接する2文の結びつきを強めるために，「そして」，「したがって」，「そのため」といった接続詞を使います。

一方，英語は，主語を工夫することで文どうしの結びつきを高めるため，moreover, therefore, accordingly, といった接続の言葉はあまり必要ありません。

本章では，文どうしの結びつきを強める方法として英語と日本語に共通するトピックである接続語の使い方や情報の配置のしかたと，それぞれの言語に固有の結びつけ方を説明します。

8.1節　結束性を高めて読みやすくする　日本語

結束性とは，隣り合う文どうしの論理的な絡まり具合のことで，強く絡まっている状態を「結束性が高い」または「結束が強い」といいます。結束性の高い文章は，読みやすい文章とほぼ同義です。本節では，英語と日本語における結束性の高め方の共通点と相違点に言及しつつ，日本語で結束性を高める方法を説明します。

第1項　日本語における結束性の強弱

最初に示すのは，日本語と英語で結束のしかたが大きく異なることを示す一例です。

> Vibration can cause damage or malfunction to products, and even worse, induce serious accidents. Commercial products exposed to vibration should be investigated in advance for any problem possibly caused by the vibration they are subjected to while being used. Vibration testing machines are, however, expensive and bulky, hindering many companies from introducing them. Our Center has established a new structure to undertake the process on behalf of all interested companies in our prefecture by introducing a high-performance vibration tester that is also capable of testing vibration during transportation.
>
> △ 振動は，製品の破損や誤動作の原因になり，場合によっては重大な事故を誘発します。振動にさらされる製品については，使用中に受ける振動によって起こり得る問題を事前に調べておく必要があります。しかし，振動試験機は非常に高価でかさばり，多くの企業にとって導入が困難です。当センターでは，輸送振動試験もできる高性能振動試験機を導入して，県内各社の振動試験を代行できる体制を整えました。

英文は，日本語よりも接続詞の使用頻度が低いため，英語から日本語に翻訳すると，流れの乏しい上記のような文章になりがちです。この類の文章に遭遇すると，読み手は，隣接する文どうしの論理的な関係を毎回立ち止まって考える必要に迫られるため，読んでいて非常に疲れますし，なかなか前に進みません。

そこで，必要な箇所に接続詞を補って書きかえたのが，次の文章です。

○ 振動は，製品の破損や誤動作の原因になる**ことに加え**，場合によっては重大な事故を誘発します。**そのため**，振動にさらされる製品については，使用中に受ける振動によって起こり得る問題を事前に調べておく必要があります。しかし，振動試験機は非常に高価でかさばる**ため**，多くの企業にとって導入が困難です。**そこで**当センターでは，輸送振動試験もできる高性能振動試験機を導入して，県内各社の振動試験を代行できる体制を整えました。

格段に読みやすくなりました。こちらの文章が，結束性の高い文章です。

第2項　結束性の高め方

2.1　助詞や接続詞によって論理を明瞭化する

接続詞を補うことによって結束性を高められることは前項で述べたとおりですが，接続詞だけですべて済むわけではありません。英語と日本語では，語順も違えば修辞技法も違うからです。

Please double-check your e-mail address before submitting your order. No confirmation screen will appear.
△ ご注文内容を送信する前に，お客様のEメールアドレスを改めてご確認ください。確認画面は表示されません。

このままでも通じます。しかし，大半の日本人が，相手に何かを頼む際，先に理由を述べてトーンを和らげるという判断を無意識に行っています。そのため，結論から述べられることの多い英語をそのまま和訳すると，少し唐突に感じられたり，少しがさつな響きを帯びたりします。

当然のことながら，相手にお願いする際に失礼があってはいけませんから，情報だけでなく，日本人の習慣も反映した文に書きかえましょう。

○ 確認画面は表示されません**ので**，ご注文内容を送信する前に，お客様のEメールアドレスを改めてご確認ください。

次に紹介するのは，情報を追加している文の処理方法です。

Solar panels are currently best known as a product that takes advantage of renewable energy, but electric water heaters **also** have the potential to create a demand for renewable energy.
○ 再生可能エネルギーを利用した製品としては，ソーラーパネルが最もよく知られているが，電気温水器**も**，再生可能エネルギーの需要を創出する可能性がある。

追加情報が名詞であれば，「～も」という助詞が一般に対応します。この文は，前半の主語が「ソーラーパネル」で，butを挟んだ後半の主語が「電気温水器」ですから，直感的に「電気温水器も…」と訳せるでしょう。しかし，alsoによって追加される情報は，シンプルな名詞句ばかりではありません。

Electric water heaters are more energy-efficient than gas water heaters, and **also** have the potential to create a demand for renewable energy.
△ 電気温水器は，ガス温水器よりもエネルギー効率が良く，**また**，再生可能エネルギーの需要を創出する可能性を秘めている。

単純な名詞句の追加ではなく，この文のように動詞を含んだ情報が追加された場合に，alsoに対して「また」という接続詞を機械的にあてる人が少なくありませんが，「良い」の連用形である「良く」という表現に情報の追加を示唆するはたらきがあるので，そこに「また」を重ねると響きが冗長になります。加えてこの訳文は，前半の内容に対してどんな情報が追加されているのかという点が曖昧で，原文をあまり読み込まずに訳した投げやりな文という印象を受けます。

英文を改めて読んでみると，後半で電気温水器のメリットが追加されていることがわかるので，筆者なら次のように訳します。

○ 電気温水器は，ガス温水器よりもエネルギー効率が良く，再生可能エネルギーの需要を創出する可能性**も**秘めている。

なお，助詞の「も」は，名詞以外の文節にもつけられるため，次のようにしてもよいでしょう。

○ 電気温水器は，ガス温水器よりもエネルギー効率が良く，再生可能エネルギーの需要を創出する可能性を秘めて**も**いる。

also以外に，as wellやin addition，additionallyなどについても，同様の考え方と処理が適用可能です。「また」は，対義語である「または」が近くにあると紛らわしいため，「その上」や「加えて」などに置き換えた方がよいでしょう。

2.2 結束語を近づける

文の結束性を高めるうえで注目すべき点は，接続詞だけではありません。

Long checkout lines at the grocery store are one of the biggest complaints about the shopping experience. **These lines**, however, could soon disappear when the ubiquitous UPC bar code is replaced by smart labels called RFID tags.
○ 生鮮食料品店の**レジにおける長蛇の列**は，買い物の際の大きな不満の1つである。しかし，現在広く使われているUPCバーコードに代わって，RFIDタグと呼ばれるスマートラベルが普及すれば，**この列**は近々なくなるかもしれない。

この2文は，「しかし,」という接続詞により，逆接の関係にあることが明示されているため，とくに問題のない訳文でしょう。しかし，ある点に注目してもう一歩踏み込むことにより，さらに結束を強めることができます。

それは，両文で共通して使われている語句の存在で，この文ではlinesが該当します。このような共通語を言い表す学術用語は存在しないようなので，筆者は独自に「結束語」と呼んでおり，本書でもこの言葉を使用します。

上の訳文では，この結束語が互いに離れていますが，語順を工夫して互いに近づけることにより，結束を強めることができます。

◎ 買い物の際の大きな不満の1つが，生鮮食料品店のレジにおける**長蛇の列**である。しかし**この列も**，現在広く使われているUPCバーコードに代わって，RFIDタグと呼ばれるスマートラベルが普及すれば，近々なくなるかもしれない。

結束語は，いわば車両の連結器のようなもので，こちらの訳文からは，この連結器ががっちりと噛み合っているかのような安心感を筆者は覚えます。

2.3　具体的な名詞にいいかえる

結束語の存在は，上記のとおり，文の結束性を高める大きな手がかりになりますが，結束語が必ずしも同じ単語であるとは限りません。

> The COVID-19 vaccine works by teaching the immune system to recognize the coronavirus. **This** helps to prevent infection in those who have never been affected with COVID-19 and protect against re-infection for those who have already had the disease.

この文には明確な結束語が見当たりませんが，第2文のThisが第1文の内容に言及しており，これも結束の一形態です。

このようなthisに遭遇したとき，次に示す訳文のようにシンプルに「これ」と訳すことが常に最適解であるとは限りません。

> △ COVID-19ワクチンは，免疫システムにコロナウイルスを認識させることによって機能します。**これ**により，COVID-19に罹患したことのない人の感染と，すでにこの病気にかかった人の再感染を防ぐ効果が期待できます。

「これ」という指示代名詞は意味範囲が広く，「ワクチン」なのか，「免疫システム」なのか，「コロナウイルス」なのか，もしかしたら「認識させること」なのか「機能すること」なのか，といった判断を読み手に委ねることになります。そのため，読み手が負担を強いられることに加え，書き手と読み手の間で理解に齟齬が生じる可能性もあります。

このような負担やリスクを避けるために有効なのは，第1文の内容を包括または換言する名詞を探し，「これ」を「この～」または「このような～」にいいかえることです。

> ○ COVID-19ワクチンは，免疫システムにコロナウイルスを認識させることによって機能します。**この作用**により，COVID-19に罹患したことのない人の感染と，すでにこの病気にかかった人の再感染を防ぐ効果が期待できます。

これにより，否，「このような処理」により，翻訳者は情報を的確に伝えることができ，読み手は考える負担から解放されるというwin-winが成立します。この技法は，翻訳に限らず，文章を日本語で書き起こす場合にも有効です。具体的な名詞が使われていることにより，外国語に翻訳された場合でも，意味が損なわれにくくなります。

ただし，先行文の内容を包括または換言する具体的な名詞が見当たらないと，この処理によって文がかえってぎこちなくなる場合もあります。

By running advanced 3D-simulations, we are able to analyze the effect of an impact already at the design stage. **This** helps us to accelerate our product development and optimize our customers' product designs.
△ 当社は先進の3Dシミュレーションを実行することにより，衝撃の影響を設計段階で分析することができます。**この分析可能性**により，製品開発を速め，お客様の製品デザインを最適化することができます。

このthisをいいかえるのはなかなか難しそうです。このような場合には，シンプルに「これ」でもよいでしょう。

○ 当社は先進の3Dシミュレーションを実行することにより，衝撃の影響を設計段階で分析することができます。**これ**により，製品開発を速め，お客様の製品デザインを最適化することができます。

2.4 表記を統一する

次に紹介するのは，英文における結束語が異なる場合の対処方法です。

Apple unveiled its next-generation iPhone, iPhone 6, together with a bigger brother, iPhone 6 Plus. **The devices** feature a new design over their **predecessors**, with a "continuous, seamless" format that sees the glass curving around the sides to meet the anodized aluminum enclosure.

上の例では，先行文のiPhone 6とiPhone 6 Plusが，後続文においてdevicesという単語に置きかえられ，暗黙的に言及しているiPhone 5とiPhone 5 Plusがpredecessorsで表されています。このように別の名詞にいいかえるという修辞技法は，英語としては洗練されており，ニュース記事やプレスリリース等で頻繁に見かけますが，日本語のネイティブ話者が日本語で文章を書き起こすときに，このような技法を用いることはほとんどありません。そのため，次のように安易に直訳すると，とたんに不自然な響きを帯びてしまったり，場合によっては意味が伝わらなかったりすることさえあります。

> △ アップルが次世代iPhone 6を，大型モデルiPhone 6 Plusと併せて披露した。**これらの装置**の特徴は，**前のもの**とは異なる新しいデザインで，アルマイト製ボディの側面に沿ってガラスが継ぎ目なく貼り合わさっている。

自分のiPhoneを手にとって，「この装置は，…」や「この機器は，…」という日本語話者はほぼいないと思いますから，いいかえるにしても，一般的な訳語ではなく，日本語として違和感のない名詞を慎重に選ぶ必要があります。iPhoneのようにその固有名詞が社会に浸透しているものについては，次に示すとおり，「iPhone」をそのまま繰り返してもよいでしょう。

> ○ アップルが次世代iPhone 6を，大型モデルiPhone 6 Plusと併せて披露した。**新型iPhone**は，**iPhone 5**とは異なる新しいデザインが特徴で，アルマイト製ボディの側面に沿ってガラスが継ぎ目なく貼り合わさっている。

もしいいかえるなら，「機種」や「モデル」あたりが妥当です。どちらもdeviceという単語からはやや想起しにくい単語です。

> ○ アップルが次世代iPhone 6を，大型モデルiPhone 6 Plusと併せて披露した。これらの // **新機種** / **新型モデル** // は，現行 // **機種** / **モデル** // とは異なる新しいデザインが特徴で，アルマイト製ボディの側面に沿ってガラスが継ぎ目なく貼り合わさっている。

理解を深めるために，同様の例をもう1つあげます。

> Most new vehicles come equipped with an inflatable device known as “an air bag.” Federal regulations require that this supplemental restraint system be installed in all new passenger cars and light-duty trucks within the next few years.

△ 大半の新車に，「エアバッグ」と呼ばれる膨張装置が搭載されています。連邦規定により，今後数年以内に乗用車および軽トラックの新車すべてにこの補助拘束システムを装備することが義務付けられます。

air bagが，inflatable deviceおよびsupplemental restraint systemと2通りにいいかえられていますが，文字どおりに和訳すると，同一物に対して複数の訳語が混在し，日本語としての違和感がどうしても残ります。

このような場合には，初出時に属性情報をまとめて述べてしまうというのも1つの方法です。2度目以降の出現時には，シンプルな名詞で言及すればよいでしょう。

○ 大半の新車に，**「エアバッグ」と呼ばれる膨張型の補助拘束システム**が搭載されています。連邦規定により，今後数年以内に乗用車および軽トラックの新車すべてにこのシステムを装備することが義務付けられます。

「システム」を「装置」にいいかえてもよいでしょうし，「このシステム」を「このエアバッグ」にいいかえても大丈夫ですが，「装置」と「システム」を混在させるのは，やはり避けたほうがよいでしょう。

なお，この例文には，表記の統一以外にも，結束性を高められる要素が隠れています。キーワードは，「対比」です。

先行文と後続文を比べてみると，先行文で「現在の」エアバッグ搭載状況が述べられているのに対し，後続文では，「今後数年以内の」予定が述べられています。加えて，先行文のMost new vehiclesと後続文のall new passenger cars and light-duty trucksという表現も，ある種の対比といえるでしょう。これらの対比関係も反映すると，次のようになります。

◎ **現在すでに**新車の大半に，「エアバッグ」と呼ばれる膨張型の補助拘束システムが搭載されていますが，このシステムを乗用車および軽トラックの新車すべてに装備することが，**今後数年以内**に連邦規定によって義務付けられます。

後続文の「このシステムを」という句を前に移したうえで，2.2で紹介した「結束語を近づける」方法も併せて適用することにより，2文間に強い結束が生まれています。ここまでできれば申し分ありません。

最後に，表記の統一による結束性の向上の応用例をもう1つ紹介します。

Famous the world over as the home of football (or soccer), Wembley Stadium was built on the site of the British Empire Exhibition of 1924. This huge all-seater arena accommodates up to 80,000 spectators.
△ フットボール（サッカー）の聖地として世界的に有名なウェンブリー・スタジアムは，1924年に行われた大英帝国博覧会の跡地に建設されました。全席椅子席のこの巨大アリーナは，最大80,000人を収容します。

この文では，Wembley Stadiumがhuge all-seater arenaにいいかえられていますが，「スタジアム」と「アリーナ」の併存が混乱を招きかねないので，「スタジアム」に統一しましょう。ただし，huge all-seater arenaという名詞を形成しているhugeやall-seaterといった属性情報を初出時にすべて盛り込むことは難しいでしょう。なぜなら先行文は，「サッカーの聖地である」や，「世界中で有名である」，「万博の跡地に建設された」など，ウェンブリー・スタジアムに関する多くの情報にすでに言及しているからです。

加えて，英語だと，関係代名詞などを使って名詞を後ろからも修飾できるのに対し，日本語は，修飾語句を名詞の前にしか置けません。そのため日本語には，情報量の多い大きな名詞を作りにくいという性質があり，「全席椅子席のこの巨大アリーナ」という表現には，ある種の翻訳臭が漂います。

このようなジレンマに遭遇した場合の打開策として，属性情報を切り離し，節として独立させるという処理を提案します。This huge all-seater arenaという名詞句であれば，all-seaterという情報を切り離して，「座席はすべて椅子席である」という節にして独立させるということです。このようにして，名詞句の短縮を図ります。

これらの点を踏まえて訳文を再構築すると，次のようになります。

○ フットボール（サッカー）の聖地として世界的に有名なウェンブリー・スタジアムは，1924年に行われた大英帝国博覧会の跡地に建設されました。**客席はすべて椅子席で**，最大80,000人を収容する巨大スタジアムです。

先ほどの訳文と比べると，翻訳調が減退し，日本語として自然な響きが生まれています。この状態でも十分なクオリティを実現できていますが，文脈によっては，前章「情報の提示順序」で学習した内容を応用し，旧情報→新情報の順に並べ変えてもよいでしょう。

○ ウェンブリー・スタジアムは，1924年に行われた大英帝国博覧会の跡地に建設されました。最大80,000人を収容する全席椅子席の巨大スタジアムで，現在はフットボール（サッカー）の聖地として世界的に有名です。

「最大80,000人を収容する全席椅子席の巨大スタジアム」は，少し大きな名詞句ですが，古い情報から順に提示したことに対するトレードオフとして，場合によっては許容されるでしょう。「結束性の向上」というテーマからは少し逸脱しましたが，翻訳というのは，1つの文を複眼的に検討し，さまざまな技法を用いて複数の訳文を案出したうえで，与えられた文脈に最も適したものを判断するという地道な作業の繰り返しなのです。

【文どうしの結束性】のまとめ

- 隣り合う文が論理的に結合していて読みやすい状態を「結束性が高い」という。
- 日本語は英語よりも接続詞への依存度が高いので，和訳時には接続詞を適宜補う必要がある。
- 隣り合う文の両方で使われている語句（結束語）を互いに近づけて配置すると，結束性が高まる。
- thisなどの代名詞が結束語になっている場合には，原則として具体的な名詞にいいかえる。
- iPhone→the deviceのように別の単語にいいかえられている場合には，安易に直訳せず，あえて同じ単語を繰り返したり，最初にまとめて述べたりなど，日本語の修辞技法に則って結束性を高める。

Coffee Break

海外企業の残念な日本人対策

筆者がかつて取引していた英国の会社は，アジア言語の取り扱いを北京支社で行っており，普段は中国人女性のAさんから仕事の依頼を受けていました。しかし数か月ほどで，Aさんはこの会社を退職することになり，最後に丁寧なメールが来ました。

「厳しい納期の案件や，クライアントからの要望が多い案件にも快く対応してくれて，どうもありがとう。あなたと一緒に仕事ができて，とても楽しく，有意義でした」

普段のやりとりから感じられたAさんの人柄とは違う印象の文面で，私はAさんが，実はとても礼儀正しくて良い人だったのだと知り，私からも丁寧に返信しました。

後任のBさんは20代と思しき男性でした。気さくな人で，やりとりも楽しかったのですが，しばらくすると，Bさんもまた，その会社を去ることになり，最後に驚くべき内容のメールを私に送ってきました。なんと，Aさんのものとまったく同じ文面だったのです。相手の情緒に触れる文言までもが会社の雛形に入っていたという事実に私は落胆し，Bさんのこのお別れメールには返信しませんでした。

しかしもっと驚いたのは，退職したはずのBさんから，1週間後に仕事の依頼が来たことでした。何しろ送信元が，新たな勤務先のメールアドレスではなく，これまでと同じメールアドレスだったのです。Bさん曰く，「転職先の勤務条件が約束と違っていたので戻ってきた」ということでした。

でも，しばらくするとBさんはやはり転職していきました。Bさんから最後に届いたメールの内容は，やはり前回と同じでした。

8.2節　結束を強めて情報を素早く届ける　英語

英文は，主語を選択した時点で，すでに前の文章と結束していることが少なくありません。英語には，「上位の概念や構造」を主語にしたり，「既出の情報」を主語にしたりするという特徴があるためです（p.23参照）。後続文では，結束前の文と同じ主語や，前の文に出てきた情報を主語に使うことで，前の文との結束を強めることができます。そして，既出情報を使って結束を強化しながら概要から詳細へと話を進め，1つの話題に関するパラグラフを構成します。

第1項　複数文の統合

前の文との結束を強める工夫をすると，複数の文を1文に統合できると気づくことがあります。はじめから長い英文を書こうとせずに，短い文を作ってから文どうしをつなぐのが効果的です。例を1つ見てみましょう。

> 熱い空気は冷たい空気より軽いため，対流によって上昇する。空気は強力な温室効果ガスである水蒸気を運んでいる。

短い複数の文を作ります。主語をそろえ，前の文で使った情報を次の文の主語にする，という点を守って英文を作成します。

> **Hot air** is lighter than cold air. Thus, **hot air** rises through convection. **The air** carries **water vapor**. **The water vapor** is a powerful greenhouse gas.

主語が重なっても，代名詞itの使用はあえて控えます。代名詞を使わずに単語を繰り返すことで，つなぐべき箇所を見落としにくくなります。

Hot air is lighter than cold air. Thus, it rises through convection.

としていたら，自然に読めるためにこれで完成としてしまうかもしれません。

次に，主語がhot airにそろった1文目と2文目を等位接続詞andでつなぎます。3文目の後半の単語と4文目の主語が一致したため，関係代名詞の非限定用法（, which）も使ってつなぎます。

○ Hot air is lighter than cold air **and thus** rises through convection. **The air** carries water vapor, **which is** a powerful greenhouse gas.

この例のように，既出の情報を主語にした複数の文ができあがったら，「接続詞（等位接続詞と従属接続詞）」や，これまでに紹介した「分詞」，「関係代名詞」，「to不定詞」といった文法事項を使ってつなぎます。

1.1　等位接続詞で文をつなぐ

複数の短い英文を作成し，文法を駆使してつなぐ練習をします。等位接続詞andやbutを使ってつなぎます。

スマートウォッチには繊細な電子部品が含まれているため，落とすと破損する可能性がある。
△ **A smartwatch** contains sensitive electronic components. **The smartwatch** can be damaged if dropped.

複数の短い英文で表し，等位接続詞andでつなぎます。その際，It can be damaged if dropped. のように代名詞itをあえて使わないことで，重複を確認しやすくなり，文をまとめやすくなります。

○ A smartwatch contains sensitive electronic components **and** can be damaged if dropped.

主語をそろえたら，2回目の主語は省略できます。butを使った場合も同様です。

ガンマ線は可視光線に似ているが，エネルギーがはるかに高い。
△ **Gamma rays** are similar to visible light. However, **gamma rays** have much higher energy than visible light.
○ Gamma rays are similar to visible light but have much higher energy than visible light.

走査型電子顕微鏡（SEM）は，導電性試料の撮像に使用されるのが一般的である。非導電性試料の場合には，カーボン，金，クロムなどの導電性コーティングを施す必要がある。
△ A scanning electron microscope (SEM) is typically used for imaging conductive specimens. Non-conductive specimens require a conductive coating of, for example, carbon, gold, and chromium.

同じくandでつなぎますが，主語がそろっていないのでコンマを入れます。

○ A scanning electron microscope (SEM) is typically used for imaging conductive specimens, **and non-conductive specimens** require a conductive coating of, for example, carbon, gold, and chromium.

主語がそろわない場合にも，関連の深い文どうしであれば，このように等位接続詞でつなぐことができます。

1.2 関係代名詞ほかで文をつなぐ

一酸化炭素はサイレントキラーと呼ばれる。無色・無臭・無味の気体で，一般的な燃焼機器の多くで発生する。
△ **Carbon monoxide** is called a silent killer. **Carbon monoxide** is a colorless, odorless, and tasteless gas. **Carbon monoxide** can occur in many common fuel-burning appliances.

短く区切って主語をそろえます。

○ Carbon monoxide, **called** a silent killer, **is** a colorless, odorless, and tasteless gas **that can occur** in many common fuel-burning appliances.

分詞（p.161参照）と関係代名詞（p.162参照）でつなぎました。分詞はコンマで挿入する非限定用法（取り除いても文全体に影響がない），関係代名詞はコンマなしの限定用法を使って必ず読ませる表現としました。

メタンの部分酸化では，メタンと酸素を反応させて水素と一酸化炭素を生成し，水と反応させてさらに水素と二酸化炭素を生成する。
△ **Partial oxidation of methane** involves reacting methane with oxygen. **This process** produces hydrogen and carbon monoxide. **The hydrogen and carbon monoxide** then react with water. As a result, more hydrogen and carbon dioxide are produced.
○ **Partial oxidation of methane** involves reacting methane with oxygen **to produce** hydrogen and carbon monoxide, **which** then react with water **to produce** more hydrogen and carbon dioxide.

This process produces...という内容は，メタンと酸素が反応した後に起こる内容なので，to不定詞を使いました。また，hydrogen and carbon monoxideが2回出てきたため，共通語句を関係代名詞でつなぎました。to不定詞と関係代名詞は，このように1つの文の中で組み合わせることが可能です。

農村の人々は農業に依存している。しかし，農業は気候の変動に脆弱である。
△ Rural populations depend on **agriculture**. However, **agriculture** is vulnerable to a changing climate.
○ Rural populations depend on agriculture, **which** is vulnerable to a changing climate.

前の文の末尾に置いた名詞を次の文の主語に使った結果，後半の情報を非限定用法の関係代名詞で表現でき，情報を早く出すことができました。

○ **Although** rural populations depend on agriculture, agriculture is vulnerable to a changing climate.

従属接続詞althoughでつないで後半をメイン情報に整えることもできます。

【複数文の統合】のまとめ

- 主語をそろえる，または前文の情報を主語にすると，文を実際につなぐことができる。複数文の主語がそろっても代名詞は使わない。
- 等位接続詞，関係代名詞，分詞，to不定詞，従属接続詞で文をつなぐ。

第2項　既出情報による結束の強化

日本語で主語が省略されたり，前の文との行間を読ませるような書き出しや接続的な言葉の多用が見られたりする場合であっても，英文では「主語をそろえる」,「前文で使った情報を主語にする」のいずれかに徹して，複数の文どうしの結束性を高めます。既出情報を使って結束を強化することは，いいかえると，概要から詳細へと言及していくことでもあります。そのようにして完成した複数の文章により，最終的には，1つの話題に関する情報が読み手の期待どおりに流れるパラグラフが完成します。

2.1　主語をそろえる

衣服には，染色や防縮，シワ防止などの目的でさまざまな化学物質が使われている。そのため，製造現場の周辺環境が汚染されたり，現場で働いている人に悪影響がもたらされたりする可能性がある。

○ **A variety of chemicals** are used in clothing for dyeing, preventing shrinkage, or preventing wrinkles. **These chemicals** can be damaging to the environment around the manufacturing sites or to the workers at the sites.

2文目で，先に述べた化学物質に言及するためにtheseを使います。these chemicals以外に，such chemicalsやthe chemicalsも可能です。日本語には，主語が存在せずに,「そのため,」といったつなぎの言葉を使って行間を読ませるような場合がありますが，適切な英語の主語を探すことが大切です。この類のつなぎ言葉である「そのため,」にTherefore, は不適切です。

ハーブティーは，乾燥した果実，花，スパイス，ハーブなどから作られるため，カフェインは含まれていない。一方で，危険な副作用をもたらす可能性のある他の化合物が含まれていることがある。
○ **Herbal teas** are made from dried fruits, flowers, spices, or herbs and thus contain no caffeine. However, **herbal teas** may contain other compounds that may have risky side effects.

同じ名詞を繰り返すことで，theを使わずにその種類（「ハーブティー」）に言及し続けることができます。日本語では，2つの文の主語がそろっていると，2文目の主語が省略されることが少なくありません。

オゾン層は，太陽から発せられる紫外線の大部分を吸収する。特に，皮膚癌など多くの有害な影響を及ぼすといわれているUVB（B紫外線）という紫外線をオゾン層が吸収する点は重要である。
○ **The ozone layer** absorbs most of the ultraviolet UV radiation from the sun. Importantly, **the layer** absorbs the portion of UV radiation called ultraviolet-B (UVB), which has been linked to many harmful effects including skin cancers.

1文目の主語The ozone layer を2文目ではthe layerと短くできます。主語に代名詞itを使うのは，読み手の負担が大きいので避け，名称を短縮してtheで特定します。一方，日本語は，「オゾン層は」に続く文で「その層は」と短くしていいかえることが滅多にないので，日本語から発想して英語の主語を選ぼうとするとうまくいきません。

2.2　前文で使った情報を主語にする

「がん」とは，異常な細胞が急速に分裂して他の組織や臓器に広がって発症する病気群のことである。そうした異常な細胞によって腫瘍が形成され，身体の正常な機能が乱されることがある。
○ Cancer is a group of diseases that occur when abnormal **cells** divide

rapidly and can spread to other tissue and organs. **These cells** may cause tumors and disrupt the regular functions of the body.

1つ目の文の中ほどで使った単語cellsを次の文の主語に使っています。「そうした異常な細胞」をThese cellsと特定することで，前の文との結束を強めています。

ウラン235の原子核に中性子を当てると，ウラン原子が2つの原子核に分裂して大量の熱を放出する。この熱を発電用熱源として利用して水を蒸気に変え，蒸気タービンを回転させて発電機を動かし発電する。

○ When the atomic nucleus of uranium-235（U-235）is exposed to neutrons, the uranium atom splits into two nuclei, releasing a tremendous amount of **heat. This heat**, used as a heat source for power generation, converts water into **steam**. **The steam** drives a steam turbine, which in turn drives a generator to produce electricity.

1つ目の文の最後に出てきた単語heatを次の文の主語に使い，2つ目の文の最後に出てきた単語steamを次の文の主語に使っています。ThisやTheで既出の情報に言及しています。

2.3 概要から詳細へ言及していく

英文は，概要から詳細へと情報を展開していくのが一般的です。「主語をそろえる」，「前文で出てきた情報を主語にする」という先述の2つの手法を組み合わせながら，概要から詳細へと展開しましょう。既出情報による結束を意識して文章を作成すれば，論理の飛躍を防ぎ，効果的に情報を読み手に届けられるパラグラフを構成することができます。

仮想プライベートネットワーク（VPN）とは，インターネットなどの共有ネットワークを利用してセキュリティを高めた通信を可能にする技術である。VPN技術は，暗号化とトンネリングという2つの技術からなる。「暗号化」は，データの盗聴や改ざんなどを防止するためにデータにスクランブルをかける技術である。「トンネリング」は，端末間のすべての通信をルータ間の通信に見せかける技術である。

○ **A virtual private network (VPN)** enables secure communications between two or more corporate sites over a shared network, such as the internet. The **VPN** consists of two techniques: **encryption** and **tunneling.** **Encryption** scrambles data to protect it from being tapped into or tampered with. **Tunneling** causes all communications between terminals to look as if they were between routers.

はじめは主語をVPNにそろえていますが，内容を詳細へと移しながら，前の文で出てきた情報を主語に使用しています。VPN（仮想プライベートネットワーク）という1つの話題について，「VPNとは何か」から「具体的にどのような技術で実現しているか」へと，概要から詳細の順に説明したパラグラフが完成します。

植物が機能を発揮するためには，太陽光から生成するエネルギーに加え，ビタミンとミネラルが必要である。植物の機能には，呼吸，光合成，細胞形成，酵素の生成，水や栄養分の摂取と輸送などがある。太陽から生成したエネルギーがあっても，ビタミンとミネラルがなければ植物は正常に機能できない。

○ **Plants** require vitamins and minerals, in addition to energy they produce from sunlight, to carry out every function. **This** includes respiration, photosynthesis, cell formation, enzyme production, and water and nutrient uptake and transportation. Even with energy produced from the sun, **plants** cannot function properly without vitamins and minerals.

「植物が機能するためにビタミンとミネラルが重要である」という話題について，1文進むごとに詳細な情報を含めながら伝えています。「植物」の主語を基本としながら，前の文章の内容であるThis（これは）を後続文の主語に使っています。このような文脈で，日本語の主語に「これは」や「このことは」が使われることはほとんどありません。

物質の物理的性質を表す「延性」と「脆性」という2つの言葉がある。延性のある物質とは，叩き延ばしたり引き延ばしたりして，壊すことなく簡単に細い線にすることができる物質である。この物理的性質が延性である。脆性の高い物質は硬くて強靱であるが，平滑亀裂で容易に壊れる。延性物質のように叩き伸ばしたり引き延ばしたりすることができず，壊れてしまう。延性を有する物質は引き延ばして細い線に加工できるのに対し，脆性を有する物質は硬いが壊れやすい。

○ **The terms ductile and brittle** both refer to physical properties of substances. **Ductile substances** can be easily hammered or stretched into thin wires without breakage. This physical property is ductility. **Brittle substances** are hard and rigid but break readily with a smooth fracture. These substances cannot be hammered or stretch like ductile substances, but instead break. **Ductile substances** can be drawn out into thin wires, whereas **brittle substances** are hard but liable to break easily.

「延性と脆性」という2つの物性を具体的に説明するパラグラフです。ductile（延性）とbrittle（脆性）という用語を紹介したら，その先は，ductile substancesとbrittle substancesがそれぞれどのようなものかを説明しています。冠詞theは使わず，固有名詞のように繰り返しながら，ductile substancesとbrittle substancesを対比させて違いを説明しています。

【既出情報による結束の強化】のまとめ

- 複数文の主語をそろえることで文どうしの結束を強化できる。
- 前の文で使った情報を次の文で主語にすることで文どうしの結束を強化できる。
- 結束を強化する主語の選択に気をつけながら，「概要から詳細へ」と論を展開することで，1つの話題に関するパラグラフが完成する。

Coffee Break

和訳と英訳のアプローチの違い

「英語から日本語に訳す」ことと「日本語から英語に訳す」こと，つまり和訳と英訳は「裏返し」の作業である一方で，アプローチが異なるようにこれまで感じてきました。その違いは，筆者自身が日本語を母国語としていることよりもむしろ，英語の最も重大な特徴である「語順が厳格である」ことに起因すると考えています。

英語で表現するときには，語順が決まっていて，日本語の場合のような柔軟性はありません。つまり，どの情報をどこで訳出するかといった点は，検討の余地がほとんどありません。したがって，英語で表現するときには，淡々と文法の決まりに従い，「主語」，「動詞」といった文の必須要素を的確に並べることに徹します。そのうえで，「動詞」に何を選択するかによって文型を決めたり，名詞の「数」と「冠詞」を定めることによって的確に情報を伝えたりすることに注力します。本書の随所で説明したとおりです。

一方，日本語を書くときは，「配置の自由度」が高いからこそさまざまな表現の可能性があり，それを工夫して「誤解を与えず自然な日本語に整える」ことこそが，翻訳者の技の見せ所となります。

本書は「和訳」と「英訳」を交互に配置し，各章のテーマを両面から学べるようにしました。しかし，上記のようなアプローチの違いにより，説明方法に違いが生まれています。具体的には，和訳は，元の英文から「品詞を変換する」という説明にページが割かれており，実際，巻末付録の「チェックリスト」には次のような項目があります。

□enableやachieveの無生物主語に対し，「～によって」などの**副詞化を試みる**

□形容詞を伴う名詞句は，形容詞を**名詞化する**

例：low manufacturing costを「低い製造コスト」→「製造コストの安さ」

対する英訳のチェックリストでは，「日本語から置きかえる」ことにはあまり言及しておらず，英文自体を組み立てることにフォーカスした次のような記述が並びます。

□手段（～により），原因や理由（～したことが原因で），仮定や条件（～すれば），目的（～するためには）は，動名詞や動詞の名詞形を主語にして，**他動詞を使ってSVOで表現する**

□**副詞で動詞に意味を足す**

例：「～することが多い・一般的である」にoften/typically/commonly,「～に成功した」にsuccessfully,「～が報告されている」にreportedly

英語は日本語とは180度異なる言語のため，英語を書くときには，「日本語と英語の対応」という発想だと無理が生じてしまいます。「原文からの変換」ではなく，元の日本語を正しく理解したあと，まったく違う思考回路で「新たに文を組み立てる」というアプローチをとらないと，日英翻訳ができないのです。そのため，本書の英訳の解説は和文からの変換ではなく，「正しく，わかりやすい英文を組み立てる」ことに注力しています。

また，日本語が行間を読ませる言語であるのに対し，英語は明確な言語です。情報がすべて原文に表されているため，和訳の際には，情報を補ったり，複数の解釈から選択したりする必要があまりありません。そのため，表現力がますます効いてきます。一方，英訳するときには，名詞の単複など，日本語に表されていない情報を明示しなくてはならない場合がありますので，表現力よりも，内容を決定していく判断力が必要になってきます。

このような日本語と英語の特徴の違いが英訳・和訳の作業の違いに表れることを意識して日本語・英語を書くことで，2つの言葉をより上手く扱えるようになると考えています。

いずれの言語でも，「原文を正しく理解すること」が目標言語での文章作成に先立ちます。原文を理解したあとに「頭を切り替えて，英文を効果的に組み立てる」ことに注力する英訳と，「原文から変換しながら最適な箇所に表現を配置していく」ことに注力する和訳，どちらも，「読み手に情報を最適な状態で届ける」という目標に向かう魅力ある仕事です。

Enjoy writing!

巻末付録　日本語と英語のチェックリスト

日本語チェックポイント

【主語の選択】

□ 主題情報は「は」で表す（p.12）

□「～は」という主題文節は原則として文頭に置く（p.13）

□ 1文の中で「～は」を意図なく2度使わない（p.16）

□ 様子や事実などを述べる文の主語は「が」で表す（p.18）

【動詞の選択】

□「～をする」や「～を行う」ではなく，「～する」を使う
例：「研究を行う」→「研究する」（p.44）

□ 副詞を動詞化した「～くなる」や「～くする」ではなく，同じ意味の純粋な動詞を使う
例：「多くなる」→「増加する」（p.46）

□「させる」という形の他動詞ではなく，同じ意味の純粋な他動詞を使う
例：「性能を向上させる」→「性能を高める」（p.47）

□「させる」という形の他動詞ではなく，主語の変換によって元の自動詞を活かす
例：「冷却がタンパク質を凝固させる」→「冷却によってタンパク質が凝固する」（p.47）

【無生物主語】

□ enableやachieveの無生物主語は，「～によって」などの副詞化を試みる（p.67）

□ causeなどの無生物主語は，「～が原因で」などの副詞化を試みる（p.68）

□ 未来形動詞の無生物主語は，「～すると」などの副詞化を試みる（p.70）

□ requireなどの無生物主語は，「～するために」などの副詞化を試みる（p.71）

□ containやincludeの主語は，「～では」や「～としては」などと主題化する（p.73）

【品詞の活用方法】

□数字を使って属性情報が述べられた英文に対しては，動詞句から「～のサイズは」や「～の特徴は」などの主語を立てる（p.88）

□形容詞を伴う名詞句は，形容詞を名詞化する
例：low manufacturing costを「低い製造コスト」→「製造コストの安さ」（p.94）

□形容詞を伴う名詞句は，節に開く
例：low manufacturing costを「低い製造コスト」→「製造コストが安い」（p.94）

□比較級を伴う名詞句は，節に開く
例：more opportunitiesを「より多くの機会」→「機会が増える」（p.95）

□形容詞further ___ は副詞化する
例：further examinationを「さらなる調査」→「さらに調査する」（p.96）

□頻度を表す副詞は文末で訳す
例：oftenやfrequentlyを「しばしば」→「～ことが多い」（p.98）

□一般性を表す副詞は文末で訳す
例：generallyを「一般に～」→「～するのが一般的である」（p.98）

□好適性を表す副詞は文末で訳す
例：preferablyを「好ましくは～」→「～が好ましい」（p.99）

□successfullyは文末で訳す
例：「成功裏に～した」→「～することに成功した」（p.100）

□推量を表す副詞は文末で訳す
例：undoubtedlyを「疑いなく～」→「～は間違いない」（p.100）

□全体に対する割合を表す代名詞は主語から追い出す
例：most of the citizensを「市民の大半が」→「市民は，大半が～」（p.100）

□指示形容詞all ____ は副詞化する
例：all the necessary stepsを「すべての手順」→「この手順をすべて」（p.101）

□partiallyは名詞化する
例：The sun is partially covered by the Moon.を「太陽が部分的に月に覆われている」→「太陽の一部分が月に覆われている」（p.101）

□potentialには「潜在的」以外の言葉を検討する

例：a potential causeを「潜在的原因」→「考えられる原因」または「原因として考えられる」（p.102）

【適切な文体の判断】

□説明的文体と概念的文体の水準を想定読者層に合わせる（p.123）

□長い名詞構文には説明的文体を試みる

例：One of the possible causes of uneven wearに「不均一摩耗の潜在的原因の1つが」→「減り方に偏りが生じる原因として1つ考えられるのは」（p.124）

□見出しには概念的文体を検討する

例：「事業について，立ち止まると発表した」→「事業を凍結」（p.125）

□whatやhowに対しては，「何か」や「どのように」以外に概念語も検討する

例：what an algorithm isを「アルゴリズムとは何か」→「アルゴリズムの定義」，how the medicine actsを「その薬がどのように働くか」→「その薬の作用機序」（p.128）

□andやorによって並列された句や節はパラレリズムを最適化する

例：the impact of the disaster on the affected region and how the damage could be mitigated. に対し，「被災地に対するその災害の影響と，被害を軽減できた可能性のある方法」または「その災害が被災地にどのような影響を及ぼし，どうすれば被害を軽減できたのか」（p.131）

【誤解を生まない語順】

□文脈などを理由に句や節が「短」→「長」の順（逆順）になった場合には，間に読点（逆順の読点）を入れる

例：「今のところ多くの専門家が懸念している大規模な余震は」→「今のところ，多くの専門家が懸念している大規模な余震は」（p.150）

□句と節は「長」→「短」の順（正順）で並べる

例：「今のところ（短）多くの専門家が懸念している大規模な余震は（長）発生していない」→「多くの専門家が懸念している大規模な余震は（長）今のところ（短）発生していない」（p.151）

□thatやifなどを含む複文は，入れ子の内側から配列する（p.154）

□助詞の「に」と比較の「より」は，互いに離すか，「より～」の句を動詞

化する

例：「システムにより大きな負荷」→「システムに，より大きな負荷」や「より大きな負荷がシステムに」または「システムへの負荷が増す」（p.155）

□ 強調の読点を機能させるために，読点は控えめに使う（p.157）

【情報の提示順序】

□ to不定詞やso that節などを，「～するために」や「～するように」と画一的に訳さない（p.178）

□ such asやincludingなどを用いて列記された具体例は包括語よりも先に述べる（p.182）

□ beforeなど，時間差を表す語句に注目して旧情報から述べる（p.184）

□ 手順や工程は，先に行う内容から述べる（p.185）

□「～が」という文節を安易に文頭に置かない（p.186）

□ 背景情報や周辺情報は，主語よりも先に述べる（p.187）

【文どうしの結束性】

□ 英文に接続詞がなくても，必要に応じて接続詞を補って訳す（p.210）

□ 隣接する2文に共通する結束語を互いに近づけて，2文の結束性を高める（p.213）

□ 代名詞thisは，「この○○」という具合に具体的な名詞を入れて訳す（p.214）

□ iPhone → the deviceのように上位概念にいいかえられた名詞を安易に直訳しない

例：the deviceを「装置」ではなく「iPhone」と具体的に訳す（p.215）

英語チェックポイント

【主語の選択】

□ 話題の中心，上位の概念や構造，既出の情報を主語にする（p.23）

□「存在」または「共通認識」は定冠詞theで表す（p.28）

□「頭に描かせたい」または「句をひとまとまりに読ませたい」意図でも定冠詞theを使う（p.29, 31）

□ a/anや無冠詞複数形・無冠詞単数形で名詞を「一般的なもの」または「そ

こにないもの」として表す（p.32）
□ 無冠詞単数形で「概念」や「集合体」を表す（p.33）
□ a/anや無冠詞複数形で名詞を「輪郭のある個体」として表す（p.35）

【動詞の選択】
□ make, doは使用を避けて名詞に隠れた具体的な動詞を探す
例：make adjustments → adjust（p.50）
□ 群動詞（イディオム）をやめて動詞1語で表す
例：take place → occur，bring about → deliver（p.52）
□ 間接的な因果関係を表すlead toとresult inは，直接的な動詞またはcauseに変更を検討する
例：result in transformation of → transform，lead to an increase in → increase（p.54）
□「～になる」にbecomeや「make + 目的語 + ～（SVOC)」を避けて，他動詞のSVOで表現する
例：become larger → increase，make it possible → enable（p.55）
□「現象を描写」するのに自動詞のSVを使う（p.57）
□ 主語を「定義」するのにbe動詞のSVCを使う（p.58）
□ 主語を「描写説明」するのにbe動詞と形容詞のSVCを使う（p.58）
□「依然として～である」にremainを使う
例：has not been clarified yet → remains unclear（p.59）
□「重さが～」「サイズが～」に自動詞weighとmeasureのSVCを使う（p.59）

【無生物主語】
□ 手段（～により），原因や理由（～したことが原因で），仮定や条件（～すれば），目的（～するためには）は，動名詞や動詞の名詞形を主語にして，他動詞を使ってSVOで表現する（p.77）
□「(場所に）～がある・いる」は，場所を主語にして，動詞haveやcontainを使って「所有」や「所属」として表す（p.83）
□ 包括語を主語にして動詞includeを使って例示を表す（p.84）

【品詞の活用方法】
□ 日本語の主語に「～の重量・記録容量・特徴」といった「属性」があれ

ば動詞を使えないか（例：weigh, store, feature）を検討する（p.105）

□主語の状態を端的に表す形容詞を探す
例：「多く認められる」にcommon,「広範囲にわたって起こっている」にwidespread（p.106）

□「形容詞＋名詞」の名詞句で簡潔に表す
例：「最近進歩したことにより」をThe recent advances,「広く使われるようになったため」をThe widespread use（p.108）

□「～が考えられる」「～の可能性がある」「候補」にpotentialを検討する（p.110）

□「加える」にadditional,「進めると」にfurtherを活用する（p.111）

□「プラスチックの需要が増しているために」や「配線が切れると」といった節にbroken wires, the growing demand for plasticsなどを検討する（p.112）

□「比較して」「比べて」はcompared withではなく比較級__erを検討する（p.114）

□「～化」「向上」「高くなる」も比較級で表す
例：「気温が上昇」にan increase in temperatureではなくhigher temperatures（p.116）

□副詞で動詞に意味を足す
例：「～することが多い・一般的である」にoften/typically/commonly,「～に成功した」にsuccessfully,「～が報告されている」にreportedly（p.116）

□文頭の副詞で文全体に意味を足す
例：「～が望ましい」にIdeally, Preferably,「～は明らかである」にClearly,「特筆すべき・重要である」にNotably, Importantly,（p.117）

【適切な文体の判断】

□「疑問詞＋S+V」または名詞形のいずれかを読み手に応じて選ぶ
例：「地球上の生命の誕生」はhow life on the earth startedとthe origin of lifeを，一般向け資料であれば前者，論文であれば後者などと選択（p.134）

□単語・句・節・文を形をそろえて並べることでパラレリズムを実践する（p.137）

□2つの異なる情報の対比にunlike, whereas, セミコロンを使う（p.141）

【誤解を生まない語順】

□ 名詞との関係を視覚化するために前置詞を使う。前置詞単体で係りが明示できる場合に使う（p.161）

例：「機械に堆積した粉塵」に dust on the machinery

□ 名詞に働きかける動きを明示しながら現在分詞 ing と過去分詞 ed で名詞を修飾する

例：「機械に堆積した粉塵」に dust accumulating/accumulated on the machinery（p.161）

□ 時制や助動詞を含めて名詞に長めの修飾を加えるために関係代名詞を使う

例：「機械に堆積した／する可能性のある粉塵」に dust that has accumulated/that may accumulate on the machinery（p.162）

□ 条件を表すために前置詞句を文頭に出す

例：「低温にすると」に At low temperatures,（p.164）

□ 次の動作を表すために前置詞句を後半寄りに配置する

例：「効率が上がる」に for increased productivity（p.164）

□ 主語との因果関係を表すために文頭に分詞句を使う

例：「海は地表の約70%を占めていることから」に Covering about 70% of the earth's surface, the ocean...（p.165）

□ 情報を流れよく続けるために文末に分詞句を使うか，This ___. を前の文に足す

例：「このことにより，食料供給の確保が脅かされている」を文末で「..., threatening our food security」とできる。This threatens our food security. という独立文を足す（p.166）

□ 関係代名詞は係り先を明示して修飾する。「前文全体」を説明する関係代名詞は控え，「文を区切る」，「先行詞を変える」，「文末分詞に変える」で対応する（p.167）

□ 含めるべき情報が増えた場合にメイン情報とサブ情報を分けられる従属接続詞を使う（p.169）

□「～することで～となる」に自動詞+when を使う

例：「虹が出るのは，～するためである」に Rainbows form when...（p.169）

□ 因果関係を because，コンマ＋because，when ほかで表す（p.170）

□ 起こるかわからない，起こってほしくないことに if を使う

例：「正しく管理しさえすれば」「データが破損・消失した場合でも」に if

を使う（p.171）

□ even whenやeven ifの代わりにalthoughが使える（p.172）

□「～の後」に対して，動作を逆に配置することでbefore（～の前）で表す
例：「プリンターの電源コードを抜いてから，プリントヘッドのクリーニング作業を行って」にclean the print head after unplugging the printer の代わりにunplug the printer before cleaning the print head. とする（p.172）

【情報の提示順序】

□ 条件を表すために文頭にIn ____, For ____, At ____, を配置する
例：「アルツハイマー型認知症が後期まで進むと,」にIn later stages, individuals with Alzheimer's disease___.（p.190）

□「～であっても」,「～の場合には」と強調するためにAfter ___, When ___, を文頭に出す
例：「放射線治療や化学療法を受けた後であっても,」にAfter being treated with radiation or chemotherapy,（p.191）

□「～するように～されている」に目的を表すso thatまたはto不定詞やforの前置詞句を使う（p.192）

□「～の結果，～となる」に結果を表す「, so that（コンマあり）」や文末分詞を使う（p.192）

□ 副詞を使うときは係り先に近づける（p.192）

□ 補足説明にコンマで情報を挿入する
例：「, particularly when」「, because」「, ___, で用語を挿入」（p.193）

□ 1文に入った複数種の情報をメイン情報とサブ情報に分けるために非限定用法の関係代名詞「, which」を使う（p.195）

□ メイン情報とサブ情報にわけるために従属接続詞althoughなども使える（p.198）

□ 読み飛ばされても問題ない情報を視覚的にわかりやすく配置するために丸括弧や他の句読点を使う
例：「石炭，石油，天然ガスといった化石燃料」に丸括弧「Fossil fuels (coal, petroleum, and natural gas)」やダッシュ「Fossil fuels—coal, petroleum, and natural gas—」が可能。ほかにも「, including coal, petroleum, and natural gas,」など多数（p.198）

□ 例示「～などの～」に各表現such as/including/like/(e.g.,)を使う（p.200）

□ 名詞の複数の塊を列挙したい場合など，「ならびに」にas well asが使える（p.202）

□ 例示文「～には～がある」に各種表現を使いこなす

例：Examples of X include A, B, and C. / Various X are available, including A, B, and C. / Various X have been developed, including A, B, and C. ほか（p.203）

【文どうしの結束性】

□ 複数文の共通主語に代名詞を使わないことで，同じ単語の繰り返しを鍵にして，文をまとめる箇所を探す

例：A smartwatch contains sensitive electronic components. It can be damaged if dropped. → A smartwatch contains sensitive electronic components. The smartwatch can be damaged if dropped.（p.222）

□ 等位接続詞andやbut，関係代名詞，分詞，to不定詞，従属接続詞althoughほかを使って文をまとめる

例：A smartwatch contains sensitive electronic components and can be damaged if dropped.（p.222）

□ 2文目以降の主語を決める際，複数文の主語をそろえるか，前の文で使った情報を主語に使うことで結束性を高める（p.225）

□ 1つのパラグラフに，1つの話題に関する複数の文章が読み手の期待通りに結束性をもって並ぶことを確認する（p.225）

□ 結束を高める主語の選択に並行して，概要から詳細への情報の展開を確認する

例：The two terms ductile and brittle are used to describe two physical changes in substances. Ductile substances can be.... This physical property is ductility.... Brittle substances are.... These substances cannot.... Ductile substances can be..., whereas brittle substances are....（p.227）

Epilogue

本書の誕生まで

本書の英語担当の筆者中山は，英文のリライト技法を自分の強みとして，日英技術翻訳と技術英語の指導を長年行ってきました。英文のリライトにはパターンがあり，それさえつかめれば，短い時間で効果的に英文をブラッシュアップできると考えてきました。そのような中，本書の日本語担当である中村氏に5年ほど前に出会いました。きっかけは，私が書いた日本語の悪文を正していただいたことで，そのとき，日本語にも，英文のリライトと同じくらいにパターン化されたリライトの技法があることを知りました。母国語だからといって日本語が正しく書けるわけではないということを目の当たりにすると同時に，日本語のライティング技法を身につければ，感覚だけに頼らず自信をもって日本語が書けるようになることを知りました。さらには，日本語の特徴を知ることで，日本語の表現力だけでなく，英文の表現力も向上すると考えました。日本語に引きずられることを意識的に防ぎ，理想とする英文を発想しやすくなるためです。日本語の表現技法を知ることで救われる人が，私自身以外にも大勢いると確信した私は，日英両言語の表現技法の両方を伝え，両言語を効果的に扱える力をつける本書のプロジェクトに着手しました。

それぞれを講師とした日英・英日のライティングセミナーを開催したところ，2人が別々に資料を作成し，さらには「日→英」と「英→日」という異なる内容を扱っているにもかかわらず，内容と主張が類似し，ちょうど「裏返し」で学ぶセミナースタイルになっていることに気づきました。この「裏返し」が1冊の本にまとまり，両言語のポイントを網羅したチェックリストも提供できれば，日本語と英語のライティングに悩む方々の役に立つのではないかと考えました。こうして本書の構想が固まりました。

両著者とも，技術翻訳の実務とライティング技法の指導を並行して長年続けてきたため，自分自身が感覚的に表現できるだけではなく，系統立ててその技法を伝えられるという共通の特徴があります。本書では，その強みを最大限に発揮することを目指しました。

本書に記した日本語・英語の両方の特徴と表現技法は，読者の皆様がこの先両言語を使用していくうえで大いに役立つと信じています。英日翻訳・日英翻訳という枠組みを超えて，日本語と英語の一方または両方を書く方々が本書をご活用くださいますことを願っております。

最後になりましたが，本書の出版を可能にしてくださいました講談社サイエンティフィクの三浦洋一郎氏，そして共著者の中村泰洋氏に心より感謝いたします。

2023年2月

中山 裕木子

〈参考文献〉

『新版 日本語の作文技術』(朝日文庫)本多勝一　2015年
『日本語練習帳』(岩波新書)大野晋　1999年
『日本人のための日本語文法入門』(講談社現代新書)原沢伊都夫　2012年
『日本人の英語』(岩波新書)マーク・ピーターセン　1988年
『英日 実務翻訳の方法』(大修館書店)田原利継　2001年
『技術英語の基本を学ぶ例文300: エンジニア・研究者・技術翻訳者のための』(研究社) 中山裕木子 2020年
『「は」と「が」』(くろしお出版)野田尚史　1996年
The ACS Style Guide: Effective Communication of Scientific Information 3rd Edition (An American Chemical Society Publication), Anne M. Coghill, Lorrin R. Garson, 2006
Thomas N. Huckin & Leslie A. Olsen, Technical Writing and Professional Communication, McGraw-Hill, 1991

〈参考ウェブサイト〉

『翻訳の泉』https://www.honyakunoizumi.info/
『文化庁国語審議会「これからの敬語」』
https://www.bunka.go.jp/kokugo_nihongo/sisaku/joho/joho/kakuki/01/tosin06/04.html

本書に掲載したウェブサイトのURLは2023年2月時点の情報です。

索引

英字索引

a/an(不定冠詞)……30
additional……96
adjust……51
after……171, 191
allow……67, 78
alone……81
also……212
although……142, 172, 198
as well as……183, 201
because……170, 194
become……55
before……172
benefit……60
be動詞……58
break……112
but……142, 198
can……67
cause……47, 68, 79
change……57
common……106
concentrate……53
conduct……44
contain……73, 82
crack……109
damage……91, 109
data……34
disable……79
do……44, 50
eliminate……60
even if……172
even when……172
experience……54
feature……105
food……36
for example……201
form……57
further……96
generally……98
generate……61
grow……53
have……72, 82, 104
how……126
if……80, 171
importantly……117
improve……47
include……73, 83
innovate……54
involve……81
lead to……54
likely……95
make……44, 50
most……100

nature 18
notably 118
occur 53
often 97, 116
our 29
particularly 182
perceive 135
perform 52
potential 102, 110
recent 107
reduction 36
remain 59
reportedly 116
require 71, 81
resemble 53
result from 108
result in 54
rich in 19
seemingly 116
simply 81
so that 178, 192
subjective 106
successfully 99, 117
such as 182, 200
that節 134
the（定冠詞） 29
these 29
though 174
to不定詞 178
to不定詞句 166
typically 99, 116
undergo 52
unlike 141
until 185
up to 104
use 60
vary 57
weigh 19, 105
what 128
when 169, 171, 194
whereas 140
whether 134
which 196
while 141
widespread 107

with 60
work 36

和文索引

~があげられる 84
~がある 83
~がいる 83
~させる 43,47
~する 44
~するために 71,81,178
~すれば 80
~となる 42
~にする 42
~になる 42
~により 60,67,77
~のために 78
~を行う 42

あ行

アスタリスク検索 62
イディオム 52
因果関係 167,169
英英辞書 37

か行

「が」の用法 18
が(描写) 18
が(名詞を作る) 20
格助詞 12
過去分詞 161
可算 33
可算名詞 35
括弧 198
仮定 69,80,171
関係代名詞 167,223
冠詞 9,28
既出の情報 26
句 8
群動詞 52
形容詞 7,8,93
結果 166,192
原因 68,78
現在分詞 161
語順 50
コンマ 193,198

さ行

時系列 171
指示代名詞 214
自動詞 7,56
従属接続詞 169
主語 7,12
主語の決め方 23
主語の変換 66
主題 7,12
手段 60,67,77
述語 7
条件 69,80,171
助詞 7

数……28
節……8
接続詞……9
前置詞……8, 161
前置詞句……190
属性……83, 88

た行

対比……140
代名詞……100
ダッシュ……198
他動詞……7, 56
定義……13
等位接続詞……196, 222
動詞……8, 42
読点……156
動名詞……119

は行

「は」の用法……12
は（格助詞）……13
は（逆接）……15
は（主題提示）……13
は（比較の暗示）……16
場所……72, 83
パラレリズム……137
比較級……113
表記の統一……215
品詞変換……88
ファイル種別検索……62
不可算……33
不可算名詞……36
副詞……7, 8, 115
不特定……32
フレーズ検索……62
文型……50
分詞……91
分詞構文……165
並列……138
包括語……200

ま行

無冠詞……33
無生物主語……10, 77
名詞……8
名詞化……75
名詞句……10, 134
名詞節……10, 134
目的……71, 81, 178, 192

ら行

理由……68, 78
例示……73, 84, 200
レトリック……132
論理……66

著者紹介

中山裕木子

株式会社ユー・イングリッシュ代表取締役

一般社団法人日本能率協会 JSTC 技術英語委員会 専任講師

英検1級，旧工業英検1級保有（首位合格にて文部科学大臣賞受賞），技術翻訳者

中村泰洋

リンゴプロ翻訳サービス

JTF ほんやく検定1級（特許・情報処理）保有

翻訳者・技術翻訳講師

NDC 400　253p　21 cm

和訳と英訳の両面から学ぶテクニカルライティング

2023年5月9日　第1刷発行

著　者　中山裕木子・中村泰洋

発行者　髙橋明男

発行所　株式会社　講談社

〒112-8001　東京都文京区音羽2-12-21

販　売　(03)5395-4415

業　務　(03)5395-3615

編　集　株式会社　講談社サイエンティフィク

代表　堀越俊一

〒162-0825　東京都新宿区神楽坂2-14　ノービィビル

編　集　(03)3235-3701

本文データ制作　株式会社双文社印刷

印刷・製本　株式会社ＫＰＳプロダクツ

落丁本・乱丁本は，購入書店名を明記のうえ，講談社業務宛にお送りください．送料小社負担にてお取り替えします．なお，この本の内容についてのお問い合わせは講談社サイエンティフィク宛にお願いいたします．

定価はカバーに表示してあります．

ISBN978-4-06-531908-6